工业遗产保护与利用的理论与实践研究

—— 来自重庆的报告

GONGYE YICHAN
BAOHU YU LIYONG DE
LILUN YU SHIJIAN YANJIU
—LAIZI CHONGQING
DE BAOGAO

胡攀◎著

四川大学出版社

项目策划：梁　平
责任编辑：梁　平
责任校对：孙明丽
封面设计：璞信文化
责任印制：王　炜

图书在版编目（CIP）数据

工业遗产保护与利用的理论与实践研究：来自重庆
的报告 / 胡攀著 . — 成都：四川大学出版社，2018.9
　　ISBN 978-7-5690-2384-8

　　Ⅰ . ①工… Ⅱ . ①胡… Ⅲ . ①工业建筑－文化遗产－
保护－研究报告－重庆②工业建筑－文化遗产－利用－研
究报告－重庆 Ⅳ . ① TU27

中国版本图书馆 CIP 数据核字（2018）第 216198 号

书名	工业遗产保护与利用的理论与实践研究：来自重庆的报告
著　　者	胡　攀
出　　版	四川大学出版社
地　　址	成都市一环路南一段 24 号（610065）
发　　行	四川大学出版社
书　　号	ISBN 978-7-5690-2384-8
印前制作	四川胜翔数码印务设计有限公司
印　　刷	成都国图广告印务有限公司
成品尺寸	146mm×210mm
印　　张	8.625
字　　数	231 千字
版　　次	2019 年 6 月第 1 版
印　　次	2019 年 6 月第 1 次印刷
定　　价	49.00 元

◆ 读者邮购本书，请与本社发行科联系。
　电话：(028)85408408/(028)85401670/
　(028)86408023　邮政编码：610065
◆ 本社图书如有印装质量问题，请寄回出版社调换。
◆ 网址：http://press.scu.edu.cn

四川大学出版社
微信公众号

目 录

第一章 概论……………………………………………（ 1 ）

第一节 工业遗产保护与利用的意义和作用……………（ 1 ）

第二节 工业遗产保护与利用的机遇与挑战……………（ 3 ）

第三节 研究范围和内容…………………………………（ 10 ）

第二章 工业遗产保护与利用理论阐释…………………（ 12 ）

第一节 基本概念…………………………………………（ 12 ）

第二节 工业遗产保护与利用的文献综述………………（ 16 ）

第三节 工业遗产保护与利用理论的发展趋势…………（ 35 ）

第三章 工业遗产的价值构成及评价……………………（ 42 ）

第一节 工业遗产价值内涵………………………………（ 42 ）

第二节 工业遗产的价值表征……………………………（ 45 ）

第三节 工业遗产价值评价………………………………（ 56 ）

第四章 国内外工业遗产保护与利用实践探索和启示…（ 65 ）

第一节 国外工业遗产保护与利用………………………（ 66 ）

第二节 国内工业遗产保护与利用………………………（ 83 ）

第五章 重庆近现代工业发展的历史考察………………（105）

第一节 重庆近现代工业发展历史脉络…………………（105）

第二节 近代工业初创与长江上游工商重镇的形成
（1891—1929）…………………………………（112）

第三节 近代工业大发展与民国中后期重庆经济中心的
完全形成（1930—1949）……………………（120）

第四节 现代工业奠基与当代重庆工业城市格局的初显

（1950—1963）…………………………………………（128）

第五节 现代工业发展与综合性工业城市的形成

（1964—1983）…………………………………………（133）

第六章 重庆工业遗产的资源现状………………………………（139）

第一节 重庆工业遗产资源分布…………………………（139）

第二节 重庆工业遗产类型………………………………（149）

第三节 重庆工业遗产特征………………………………（190）

第七章 重庆工业遗产保护与利用的实践探索…………………（193）

第一节 重庆工业遗产保护与利用的历史阶段…………（193）

第二节 重庆工业遗产保护与利用的主要模式…………（204）

第三节 重庆工业遗产保护与利用的典型案例…………（214）

第四节 重庆工业遗产保护与利用反思…………………（230）

第八章 新时代重庆工业遗产保护与利用方略…………………（234）

第一节 新时代重庆的战略定位和战略目标…………（234）

第二节 重庆工业遗产保护与利用总体思路…………（241）

第三节 重庆工业遗产保护与利用实现路径…………（247）

第四节 重庆工业遗产保护与利用保障措施…………（256）

参考文献……………………………………………………………（260）

第一章　概论

Industrial Heritage，学术界一般翻译为产业遗产或者工业遗产。1955 年，英国伯明翰大学 M. 里克斯（Michael Rix）在《业余爱好者史学》杂志发表名为《产业考古学》的文章，将研究英国产业革命遗物的学问定义为"产业考古学"[①]。呼吁各界应即刻保存英国工业革命时期的机械与纪念物。该文从"考古"的角度，强调产业空间即将面临的湮灭威胁与保存价值，引起英国学术界与民间的讨论，相关调查记录、价值研究、保存方式等的不断诵现，促使英国政府制定调查记录计划与相关保存政策。M. 里克斯的这篇文章被学术界认定为工业遗产研究的发端，自此工业遗产走进了大众视线。

第一节　工业遗产保护与利用的意义和作用

一、工业遗产保护与利用有助于城市文化传承

美国社会学家、城市规划师刘易斯·芒福德说："城市是文化的容器。"工业文明推动着城市的发展与扩张，是城市文化的重要有机组成部分，是城市符号的体现。工业文明造就了大量工

[①] Michael Rix. Industrial Archaeology，Amateur Historian，1955（8）：225—229.

业遗产，它们见证了城市的发展和生活的变迁，更是城市文化遗产的重要组成部分。无论是物质形态工业遗产，还是非物质形态工业遗产，都记录着城市发展的历史进程和轨迹，承载着市民的历史记忆，是城市发展进程中的宝贵财富，是城市文化的直观反映和城市人民智慧的结晶。工业遗产赋予了城市与众不同的个性特征，是一个城市文化品位和文化个性的生动体现。工业遗产的历史渊源、地域性特征使城市文化更具鲜明的特色。保护与利用工业遗产有助于维持城市文化的传承性，有助于保存城市历史记忆，有助于保持城市发展肌理和文脉，有助于维护城市文化的多样性和创造性。

二、工业遗产保护与利用有助于城市形象塑造

　　一般来说，人们对一个城市的外在感知是在其长期的发展过程中逐步形成的，当这种外在感知被附加上内在的主观意识就成为人们心中的城市意象。工业遗产作为一种独特的文化元素，反映了城市工业化时代特征，留存的厂址、厂房、机器设备等都是具有标志性的、最本质的文化元素，尤其是现代工业建筑的几何美学、逻辑性和建构性，构成了城市特定区域的文化底色，成为一个城市区别于其他城市的个性特征之一，对丰富城市的文化内容具有重要作用。工业遗产作为一种独特的意象元素，其特色工业元素和环境景观元素，是城市综合形象的黏合剂。对工业遗产的元素进行科学合理的设计，将其纳入城市形象的视角表现系统，对城市感知系统具有重要价值。工业遗产包含精神元素，在城市形象全球趋同化的今天，将工业文化的资源和精神内涵作为城市文化的一个部分纳入城市形象设计中，可改变城市面孔的相似性，凸显城市特色，使城市更具生命力和文化个性，对于维护城市历史风貌具有特殊意义。工业遗产也是一种物质元素，工业区、工业类建筑都是城市空间的重要组成部分，对工业遗产的改

造利用，某种意义上也是对城市空间的拓展、创新与重构，对塑造独具魅力的城市形象具有独特贡献。

三、工业遗产保护与利用有助于城市经济增长

建筑的物质寿命通常比其功能寿命长，尤其是工业类建筑，往往可在其物质寿命之内经历多次使用功能的变更。由于工业类建筑特定的使用功能和空间要求，在建造时往往采用当时比较先进的建筑技术，大都结构坚固，建筑内部空间与其功能并非有严格的对应关系，一些生产厂房、综合仓库等大空间建筑在改造上具有很大的灵活性，为工业遗产再利用提供了多种可能。而且，有些生产设备和厂房体量巨大，结构复杂，其拆除的成本反而高过改造利用的成本。改造利用还可减少大量的建筑垃圾的产生，减少对城市环境的污染，同时减轻在施工过程中对城市交通、能源（用水和耗电等）的压力，符合可持续发展的要求。从建筑的城市区位和土地价值来看，优秀的工业历史建筑改造再利用后，人们可以继续使用周边的基础设施。从国内外的成功案例来看，工业遗产的保护再利用，有利于促进相关主题旅游业和相关文化产业的发展，这种绿色、环保的新兴产业无疑是城市经济增长最快的领域，能够成为城市经济新的增长点，有助于城市经济快速增长。

第二节　工业遗产保护与利用的机遇与挑战

在主客观原因的影响下，工业遗产在很长一段时间内不被重视甚至遭到严重破坏。随着工业遗产保护与利用理论的深入研究，加之国内外工业遗产保护与利用案例带来的良好社会效益和经济效益的呈现，工业遗产保护与利用逐渐受到国内各级政府和相关部门以及社会的重视。

一、工业遗产保护与利用的机遇

（一）政策机遇：从国家顶层设计到地方政策出台，为工业遗产保护与利用提供了政策机遇

1985年，我国加入联合国教科文组织的《保护世界文化和自然遗产公约》。2006年4月18日，以"保护工业遗产"为主题的首届中国工业遗产保护论坛在江苏无锡举办。会议通过的《无锡建议——注意经济高速发展时期的工业遗产保护》是我国首部关于工业遗产保护的共识文件，《无锡建议——注意经济高速发展时期的工业遗产保护》作为宣言式文件，其最大的贡献是将工业遗产推到政府和公众面前，提高了工业遗产在全社会的认知度。

随着工业遗产保护与利用工作步入正轨，国家也加大了对工业遗产保护与利用的顶层设计。2006年5月，国家文物局出台了《关于加强工业遗产保护的通知》（文物保发〔2006〕10号），通知要求各级文物行政部门充分认识工业遗产的价值及其保护意义，清醒认识开展工业遗产保护的重要性和紧迫性，注重研究解决工业遗产保护面临的问题和矛盾，处理好工业遗产保护和经济建设的关系。2007年4月全国启动第三次文物普查，其最大的特点就是首次将工业遗产和乡土建筑纳入普查范围。将工业遗产纳入文物普查工作既是这次普查工作的重要突破，同时也体现出国家对工业遗产的认可和重视。向社会公布工业遗产也是对其进行保护的一种手段，一方面有利于促进工业遗产保护与利用的舆论宣传，另一方面也利于社会监督，将工业遗产置于民众和媒体的监督之下，使其得到更好的保护。此举措使各地工业遗产的破坏得到相当程度的缓解。2016年12月30日，工业和信息化部、财政部以工信部联产业〔2016〕446号印发《关于推进工业文化发展的指导意见》，明确提出"推动工业设计创新发展、促进工

艺美术特色化和品牌化发展、推动工业遗产保护与利用、大力发展工业旅游、支持工业文化新业态发展"等五项具体举措①。工业和信息化部在 2018 年完善了工业遗产认定制度,出台了国家工业遗产管理办法。截至 2018 年 11 月底,工信部先后公布了两批国家工业遗产,要求各地在确保有效保护的基础上,探索利用新模式,积极推动工业文化传承和发展。国家工业遗产是建筑遗产、记忆遗产、档案遗产,是 100 多年来中国近现代工业发展的见证者和记录者,将列入文物保护范围。

各地近年也纷纷开始制定工业遗产相关政策。早在 2000 年,无锡就将工业遗产纳入无锡市文物普查中,同时下发了《关于征集中国民族工商业文物资料的意见通知》《无锡市档案资料征集办法》和《关于展开工业遗产普查和保护工作的通知》,从而将工业遗产保护提上了日程②。上海从历史建筑保护的角度对工业遗产加以保护与利用,1991 年,上海市人民政府颁布了《上海市优秀近代建筑保护管理办法》,这是国内第一个涉及历史保护的地方法规③。之后上海市人民政府陆续颁布了一系列关于历史建筑保护的地方法规,其中包含工业遗产及历史建筑与街区保护、经济发展和城市功能与生态环境相适应的工业遗产保护与合理利用模式、加强深化工业遗产保护的法律机制等。南京则从历史文化名城保护的角度出发,由南京市规划局会同南京市经济和信息化委员会等相关部门,委托东南大学城市规划设计研究院、

---

① 工业和信息化部、财政部:《关于推进工业文化发展的指导意见》,http://www.miit.gov.cn/n1146295/n1652858/n1652930/n3757016/c5454801/content.html,2016.12.30。

② 李爱芳、叶俊丰、孙颖:《国内外工业遗产管理体制的比较研究》,《工业建筑》,2011 年第 41 期,第 28 页。

③ 宋颖:《上海工业遗产保护与利用再研究》,复旦大学出版社,2014 年,第14 页。

南京市规划设计研究院有限责任公司、南京工业大学建筑学院三家单位联合编制《南京市工业遗产保护规划》①。规划对南京市工业遗产评价标准进行了规定，编制了南京工业遗产保护名录，细化了工业遗产保护措施。

（二）市场机遇："全域旅游"对接"大众旅游时代"，为工业遗产旅游提供了市场机遇

近年来随着我国社会经济水平的持续提高，城乡居民收入稳步增长，消费结构加速升级，假日制度不断完善，航空、高铁、高速公路等交通基础设施快速发展，人民群众健康水平大幅提升，旅游消费得到空前的快速释放，旅游已经成为人民群众常见的生活方式。人们出游的方式不局限于跟团游，部分人群开始尝试定制游、自由行。人们的旅游需求也进入多元化阶段，对个性化、特色化旅游产品和服务的要求越来越高，旅游需求的品质化和中高端化趋势日益明显，旅游需求正逐渐由游览广度向体验深度转变。实践证明传统景区化的发展模式已经难以满足游客多元化的需求，这就需要创新旅游活动空间、旅游活动内容，向空间全景化、体验全时化、休闲全民化的全域旅游发展，来满足休闲大市场的需求。2016 年 12 月 7 日国务院印发了《"十三五"旅游业发展规划》（国发〔2016〕70 号），要求在"十三五"期间，全国要创建 500 个左右全域旅游示范区②。

全域旅游包含旅游景观全域优化、旅游服务全域配套、旅游治理全域覆盖、旅游产业全域联动、旅游成果全民共享五层内

---

① 南京市规划局：《南京市工业遗产保护规划》，http://www.njghj.gov.cn/ngweb/Page/Detail.aspx? InfoGuid = b8714622 - d46d - 4010 - b6b4 - b26ffee1e1e5：2017.04.24。

② 国务院：《国务院关于印发"十三五"旅游业发展规划的通知》，国发〔2016〕70 号，http://www.gov.cn/zhengce/content/2016 - 12/26/content _ 5152993. htm：2016.12.7。

涵，旅游产业全域联动则是最重要的环节。而国外以往的成功实践显示，他们对工业遗产的开发不仅仅局限于工业遗址观光旅游，而是更加强调整个区域工业旅游开发，通过工业遗产旅游带动整个产业的发展。1998 年德国鲁尔区制定了一条区域性的工业遗产旅游路线，将全区主要的工业遗产旅游景点整合为"工业遗产旅游之路"，该路线包含 19 个工业遗产旅游景点、6 个国家级的工业技术和社会史博物馆、12 个典型的工业聚落，以及 9 个利用废弃的工业设施改造而成的瞭望塔①。这种区域一体化的开发模式，使鲁尔区在工业遗产旅游发展方面树立了一个统一的区域形象，与我们今天所提的全域旅游概念不谋而合。在我国一些工业城市或者老工业基地，工业遗产旅游可以形成特色旅游产品集群，工业遗产旅游的开发可以带动城市经济的发展，并可培育文化创意、休闲度假、科技研发、生态保护等一大批新兴产业，推动旅游业与其他产业共生共荣，形成相关产业全域联动大格局。

（三）城市转型机遇：城市转型为工业遗产带来了新生的机遇

自从清朝洋务运动以来，特别是新中国建立之后工业化进程的加快，我国兴起了一大批近现代工矿业城市。这些城市既见证了我国工业化发展的艰辛历程，也完整记录了城市发展的全过程。随着城市化进程的加快，以重庆等为代表的部分工业城市进入产业结构调整阶段，作为传统制造业中心的城市功能被逐渐替代，在城市化和产业结构调整的双重作用下，大量的工业历史建筑与传统工业逐步退出城市，成为旧城更新改造的主要对象。东北、华北地区的部分资源型城市，则伴随着资源的枯竭转换成为资源枯竭型城市。资源枯竭、企业设备老化严重导致工业产品竞

---

① Kommunalverband Ruhrgebiet. Touring the Ruhr: Industiral heritage trail Duisberg，2001.

争力严重下降，大量工业建筑和工业用地被废弃，周边环境质量下降，城市失业人口大量增加，许多资源型城市 GDP、财政收入急速下滑，严重制约了城市的发展。无论是城市发展的客观要求还是历史发展的必然趋势，城市转型都是紧迫而又重要的任务。在城市转型背景下，在振兴城市衰落区域和改善城市环境的大前提下，城市更新给处于城市衰落中心的工业遗产带来了新生的机遇。

城市转型意味着城市经济由传统经济向新经济转型，由单一的产业结构向多元的产业结构转型，由第二产业为主导向第三产业主导转型。对已停工、废弃的工业遗存加以保护与利用，使工业文化与周边社区、城市开放空间、城市景观协调结合，有利于保存工业记忆体现工业遗产的历史价值，重塑良好城市形象。发展工业遗产旅游，促使其由第二产业向服务业转型，为社会提供大量就业岗位，创造城市新的经济增长点，有助于缓解城市社会矛盾，推动城市绿色发展。

二、工业遗产保护与利用的挑战

（一）产业转型和城市化的加速推进加速了工业遗产的破坏

全球化进程的当下，世界城市化的进程正在加快。正经历着人类历史上最大规模、最快速度的城镇化进程的当代中国，产业结构和布局的调整使城市用地和空间结构发生了巨大变化。城市中心区遗留了大量大型的封闭式老厂区，这些大型的封闭厂区形成了城市中心的孤岛，存在环境污染较大、占地面积多、区内交通独立于城市之外等问题，给城市发展带了巨大的负面影响。在城市化和城市改造浪潮的冲击下，区域优势明显的旧工业用地被迅速改变了用地性质，成为生活区和商贸区，大量工业建筑物被夷为平地，大部分老工业区正在飞速消失，被现代化的高楼大厦所替代。工业遗产在日趋严重的自然损毁和较之更为严重的基于急功近利思想的建设开发性破坏的双重夹击下，正经受着历史上最严重的破坏和毁灭，以极快的速度在城市中消逝。

（二）对文化遗产上的认识误区加速了工业遗产的破坏

目前，欧洲的世界遗产名录上不仅有教堂等古老建筑，还包括了工业文明遗迹，其中仅采矿区就有三个，分别位于比利时、德国和瑞典。中国被列入世界遗产名录的项目大多是考古遗址、宗教神庙、帝王墓葬和皇家园林等。人们在遗产保护中普遍比较关注的还是那些象征权力和高尚艺术的历史建筑。工业社会和技术的表现更多地被当作一种文明对待，而不是文化范畴。工业建筑在所有的历史文化遗产中属于比较弱势和边缘的一类，倒闭和废弃的厂房更是普遍被人们看作是城市经济衰退的标志，因而它们常常成为城市更新改造中被首先考虑清除的对象。2013 年我国开始把工业遗产作为新型文化遗产列入近现代重要史迹及代表性建筑类，但因为各种原因，相当数量的有价值的工业遗产还没有纳入文物保护范畴①。

（三）政策及法规缺位为工业遗产保护与利用带来障碍

目前我国尚未制定专门的工业遗产相关的法律法规，工业遗产的保护是基于《中华人民共和国文物保护法》《中华人民共和国非物质文化遗产法》等法律法规的框架下进行的，工业遗产也不属上述法律的约束重点。迄今为止，针对工业遗址的法律法规中最具法律效力的两个文件，一是 2006 年国家文物局下发的《国家文物局关于加强工业遗产保护的通知》（文物保发〔2006〕10 号），二是工业和信息化部、财政部以工信部联产业〔2016〕446 号印发的《关于推进工业文化发展的指导意见》。两个通知作

---

① 郭汝、王远涛：《我国工业遗产保护研究进展及趋势述评》，《开发与研究》，2015 年第 6 期，第 154 页。

为部门规章,法律效力层级较低,只能指导地方相关部门的工作。同时由于法律法规更多关注以城市物质空间形态而存在的工业遗产,对农村有形工业遗产以及以工艺技术形态存在如冶铁技术、瓷器制作等非物质形态的工业遗产的保护与利用工作关注不够。

(四)保护与利用方式单一使工业遗产的价值无法得到充分体现

国外成果经验显示,工业遗产保护与利用一般有两种方式:一是成为产业性质的资源,注重经济作用和价值;二是成为公益性质的资源,注重社会作用和价值。工业遗产保护在我国起步不久,对于这种存在于城市历史环境之中,建成年代相对历史古迹来说较晚的传统工业设施、工业建筑等有形遗产,保护内容和模式相对比较单一。无论是用作创意空间还是艺术展演,其出发点往往是对"闲置空间的再利用",由于对工业遗产自身历史没有加以妥善处理保存,并通过具体的业态传递工业信息、工厂历史,导致再利用的工业遗产功能雷同。一些工业遗产在保护与利用过程中甚至对原有建筑和设备进行严重破坏,这样的改造方式已丧失了工业遗产保护的本质和意义。

第三节　研究范围和内容

一、研究范围

工业遗产保护属于社会学、经济学、管理学、文化学、考古学、地理学、城乡规划学、建筑学、风景园林学等学科的交叉研究领域。本书主要从社会学、经济学、管理学、文化学、城乡规划学和建筑学角度进行研究。本书的研究空间范围主要是重庆市域范围,根据工业遗产的时限要求,研究时段以重庆设关开埠,

近代工业肇始的 1891 年为起点，以改革开放初期的 20 世纪 80
年代初期为结点。

二、研究内容

本书中的"工业遗产"指曾经依托城市而设立的，现位于重
庆城区内或者城郊的工业遗产，主要包括在重庆工业化过程中所
遗留的与工业生产活动直接相关的建筑和场地，如建筑物、工厂
车间、磨坊、矿山、加工冶炼场地、仓库、能源生产和传输及使
用场所等空间形态及其相关环境的保护和再利用，工业生产流
程、文档资料、工业记录等非物质工业遗产的保护和再利用。

三、研究框架

第一章概论，探讨工业遗产保护与利用的意义和作用、机遇
和挑战，并对本书的研究范围和内容进行界定。第二章工业遗产
保护与利用理论阐释，对工业遗产、工业遗产保护、工业遗产利
用及相互之间的关系进行阐述；对工业遗产保护与利用的文献进
行综述，总结归纳工业遗产保护与利用理论的发展趋势。第三章
工业遗产的价值构成及评价，从理论和实践梳理工业遗产的六大
价值。第四章国内外工业遗产保护与利用实践探索和启示，通过
对国内外工业遗产保护与利用的案例分析，为重庆工业遗产的保
护与利用总结归纳可资借鉴的经验和教训。第五章重庆近现代工
业发展的历史考察，结合重庆城市形成勾勒重庆近现代工业发展
历史脉络。第六章重庆工业遗产的资源现状，从重庆工业遗产分
布、类型、特征对重庆工业遗产现状进行描述。第七章重庆工业
遗产保护与利用的实践探索，阐述重庆工业遗产保护与利用的历
史阶段、主要模式、典型案例以及经验教训。第八章新时代重庆
工业遗产保护与利用方略，阐述新时代重庆的战略定位和历史使
命、工业遗产保护与利用总体思路、实现路径。

第二章　工业遗产保护与利用理论阐释

第一节　基本概念

一、工业遗产

近代以来，工业革命使生产力得到空前提高并推动城市不断产生和扩大。在人类由工业社会向信息社会迈进的历史进程中，由于受"工业体系"的影响，城市不同程度地遗留下象征工业社会时代的物品，这也就是我们今天要探讨的"工业遗产"，目前工业遗产常见的英文文献一般译为"Industrial Heritage"。

随着文明程度的提高和城市化进程的加快，人们用了近一百年的时间改变了对工业遗产的认知。19世纪末20世纪初，人们更多地认为工业遗产的留存是对环境和风景的极大破坏。20世纪70年代，在全球化、城市化和现代文化的背景下，人们普遍认为工业遗产缺乏美感和吸引力。20世纪晚期，由于美学价值观的转变以及科学技术的进步，工业遗产开始成为具有时代特色、文化价值和美学特征的历史印记①。

2003年国际工业遗产保护协会（TICCIH）所通过的《下塔

---

① 曾锐、李早、于立：《以实践为导向的国外工业遗产保护研究综述》，《工业建筑》，2015年第8期，第7页。

吉尔宪章》是这样定义工业遗产的："工业遗产由工业文化遗存组成，这些遗存拥有历史的、技术的、社会的、建筑的或者是科学上的价值。这些遗存有建筑物构筑物和机器设备、车间、工厂、矿山、仓库和储藏室、能源生产、传送、使用和运输以及所有的地下构筑物及所在的场所组成与工业联系的社会活动场所（如住宅、宗教朝拜地、教育机构等）和工业相关的社会活动场所①。"2006 年 4 月 18 日，我国通过的《无锡建议——注重经济高速发展时期的工业遗产保护》也对工业遗产概念做了类似界定，工业遗产即"具有历史学、社会学、建筑学和科技、审美价值的工业文化遗存，包括工厂车间、磨坊、仓库、店铺等工业建筑物，矿山、相关加工冶炼场地、能源生产和传输及使用场所、交通设施、工业生产相关的社会活动场所，相关工业设备，以及工艺流程、数据记录、企业档案等物质和非物质文化遗产"②。

狭义的工业遗产是指以物质形式存在的建筑、车间、仓库、机械设备等不可移动的物质构成。而广义的工业遗产还应当包含非物质形态的遗产，例如人的思想情感表达、存在与记忆中的印象与感知，例如生产技能、工艺流程等等都属于广义的工业遗产。《无锡建议——注重经济高速发展时期的工业遗产保护》明确提出非物质文化工业遗产也属于工业遗产范畴，并将属于物质与非物质部分相关联的载体都列为工业遗产。

二、工业遗产抢救性保护

在世界范围内的工业遗产保护领域的概念中，"preservation"一词被使用广泛，它的原意为保持原状不改变，学界一般将其翻

---

① 联合国教科文组织世界遗产中心：《国际文化遗产保护文件选编》，文物出版社，2007 年，第 251~255 页。

② 中国工业遗产保护论坛：《无锡建议——注重经济高速发展时期的工业遗产保护》，《建筑创作》，2008 年第 5 期，第 19 页。

译为"保存";而"conservation"除了具有保存的涵义之外,还包含在保持与对象相关的特点及规模的基础下,进行修改、更新或使其获得新发展的含义,即更新与再生为基础的再利用也是保护的内涵之一,学界一般翻译为"保护"。

具有重要价值和意义的工业遗产一经认定,应及时由各级政府按照法律程序核定并公布为文物保护单位,通过强有力的手段使其得到切实保护。工业遗产根据其价值大小和重要程度被明确分为不同保护级别,列入相应级别的文物保护单位。国家则选择价值特别重大者列入全国重点文物保护单位,按照最高级别进行保护和管理。在公布各级文物保护单位的基础上,逐渐形成一个以全国和省级文物保护单位为骨干的,各个时期和各种工业门类较为齐全的工业遗产保护体系。对于列入文物保护单位的具有重要意义的工业遗产,应最大限度地维护其功能和景观的完整性和真实性。对已面临危险的工业遗产,迅速采取必要的补救措施,进行相应的保护修缮举措。

三、工业遗产保护性利用

改造(remodeling)包含两种含义:一种是指另制、重制,强调的是在原有基础上的改动;第二种含义则是指另外选择方向,通过人的主动行为改变原有建筑物的结构或风格,根据实际使用需求对建筑物进行小范围内的局部改造。

保护性再利用是赋予工业遗产新的生存环境的一种最具可行性的途径。对于未列入文物保护单位的一般性工业遗产,在严格保护好外观及主要特征的前提下,慎重地对其用途进行适应性改变,对于工业遗产中的每一区域和每栋建筑进行仔细甄别和评估,并在考虑它与整个遗址联系的基础上,确定其最恰当的用途。同时,应对不同工业遗产地段和工业建筑设立明确的限制要求,新的用途必须尊重工业遗产的原有格局、结构和材料特色,并且尽可能与初始用途或主要用途兼容。当保护性再利用方案中的利用功能与工业建筑和用地的遗产价值明显不相适应时，应重新进行调整。

四、工业遗产保护与利用的关系

文化遗产的"保护"一直是国际法规制定的基本原则和根本目的，而文化遗产的"利用"最初被国际社会看作遗产"保护"的对立面，随着社会发展的复杂化和多样化，处理"保护"与"利用"这对基本矛盾的关系逐渐成为文化遗产保护国际法规制定的基调、重要内容和目的。通过百余年对"保护"和"利用"的实践，国际社会对文化遗产利用的态度越来越积极，同时由于全球性的文化遗产保护财政投入不足问题，"保护"工作对"利用"工作的依赖程度也在不断提高[①]。

工业遗产是一种特殊的文化资源，也是文化遗产的一部分。人类进入工业社会时间不长，距今只有两三百年的历史。因此，人们普遍认为工业场所只是生产加工和劳动就业的地方，而被废弃或即将停产的工业场所更是代表着过时和落后，难以想象它们应作为文化遗产而列入保护之列。随着城市化步伐的逐步加快，工业遗产在拆与保、遗弃与利用之间存在着激烈的碰撞[②]。与其他历史文化遗产相比，工业遗产特别是物质形态工业遗产普遍呈现低龄化、类型丰富、空间适应能力强、修复改造技术易操作等特征，更便于改造利用。正是因为工业遗产的特殊性，所以一开始工业遗产保护与利用就具有相生相伴的关系，以保护促利用，以利用促保护，保护与利用是工业遗产发展的不可缺少的两个方

---

① 张朝枝、郑艳芬：《文化遗产保护与利用关系的国际规则演变》，《旅游学刊》，2011年第1期，第87页。

② 单霁翔：《关注新型文化遗产：工业遗产的保护》，《北京规划建设》，2007年第2期，第16页。

面。无论是抢救性保护还是保护性开发，大多数工业遗产都是通过合理利用使其重要性得以最大限度的保存和再现，通过持续性合理利用工业遗产来不断证明它的价值，社会价值和经济价值的凸显又反过来促使政府和社会自觉地投身保护行列，不断增强公众对工业遗产的认识，并引导社会力量、社会资金进入工业遗产保护领域。

第二节　工业遗产保护与利用的文献综述

一、国外文献综述

（一）国际社会工业遗产的主要文件

目前国际社会工业遗产保护主要有三个重要的文件：《下塔吉尔宪章》《都柏林原则》《台北亚洲工业遗产宣言》（见表2-1）。

表2-1　国际社会关于工业遗产保护的主要文件

时间	发布机构	名称	内容	与工业遗产相关内容
1933年8月	国际现代建筑协会	《雅典宪章》	城市发展的过程中应该保留名胜古迹以及历史建筑	工业遗产也属于代表某一时期的建筑物
1964年5月	第二届历史古迹建筑师及技师国际会议	《国际古迹保护与修复宪章》	肯定了历史文物建筑的重要价值和作用，将其视为人类的共同遗产和历史的见证	提出工业遗产在内的古迹的历史环境的保护

续表2-1

时间	发布机构	名称	内容	与工业遗产相关内容
1972年11月	联合国教科文组织	《保护世界文化和自然遗产公约》	公约规定了各缔约国可自行确定本国领土内的文化和自然遗产，并向世界遗产委员会递交其遗产清单，由世界遗产大会审核和批准。凡是被列入世界文化和自然遗产的地点，都由其所在国家依法予以严格保护	从历史、艺术或科学角度看在建筑式样、分布均匀或与环境景色结合方面具有突出的普遍价值的单立或连接的建筑群（工业遗产亦可纳入此类）
1977年12月	国际建筑协会	《马丘比丘宪章》	不仅要保存和维护好城市的历史遗址和古迹，而且还要继承一般的文化传统。一切有价值的说明社会和民族特性的文物必须保护起来	保护、恢复和重新使用现有历史遗址和古建筑必须同城市建设过程结合起来，以保证这些文物具有经济意义并继续具有生命力
2003年	国际工业遗产保护委员会	《下塔吉尔宪章》	提出了工业遗产的保护原则，规范和方法	第一份工业遗产保护的国际性共识文件
2011年	国际古迹遗址理事会	《都柏林原则》	从操作层面概括了工业遗产保护的基本做法，强调了工业遗产价值的多样性和整体性	世界各国对工业遗产保护与利用的主要遵循原则
2012	国际工业遗产保护委员会	《台北亚洲工业遗产宣言》	对亚洲工业遗产做出定义	亚洲工业遗产申报世界文化遗产的新平台

资料来源：作者自制

国际工业遗产保护联合会于 2003 年 7 月 10 日至 17 日在下塔吉尔通过《下塔吉尔宪章》。宪章对工业遗产进行了定义，指出了工业遗产的价值以及认定、记录和研究的意义，并就立法保护、维修保护、教育培训、宣传展示等提出原则、规范和方法等指导性意见①。作为国际社会第一份工业遗产保护的共识文件，《下塔吉尔宪章》的内容全面、视角宏观、认识到位、预见性强，对工业遗产保护具有一定的前瞻性和较强的指导性。但是通过十余年国际社会对工业遗产保护实践来看，其仍然存在一定的局限性。一是宪章针对的对象更偏重于工业遗产的物质遗存，而对于遗存的环境、非物质形态的工业遗产重视不够；二是因为工业革命起源于欧洲，作为发源地的欧洲也最早进行了工业遗产保护与利用的实践探索，宪章更多是针对欧洲的工业遗存，对其他国家的工业遗存适用性稍弱。

2011 年，国际古迹遗址理事会第 17 届大会通过了关于工业遗产遗址地、结构、地区和景观保护的共同原则——《都柏林原则》。《都柏林原则》由前言与四节内容构成。前言部分介绍了国际工业遗产保护的环境与背景，工业遗产的定义、意义和价值。其后的四节内容分别从以下四个方面展开：记录和了解工业遗产结构、遗址、区域和景观及其价值；确保工业遗产的遗址、结构、区域和景观的有效保护与保存；保护与维护工业遗产结构、遗址、区域和景观；对工业遗产的规模和工业结构、遗址、区域及景观的价值进行介绍和交流，提升公众和企业的认知，支持培训和研究②。《都柏林原则》从操作层面概括了工业遗产保护的基本做法，强调了工业遗产价值的多样性和整体性。比《下塔吉

---

① 张松：《国际文化遗产保护文件选编：关于工业遗产的下塔吉尔宪章》，文物出版社，2007 年，第 1～10 页。
② 国际遗址理事会官网：http://www. icomos. org/Paris2011/GA2011 _ICOMOS _ TICCIH _ joint _ principles _ EN _ FR _ final _ 20120110. pdf。

尔宪章》更为进步的是，《都柏林原则》覆盖面从工业遗产的物质形态遗产扩展到了非物质形态工业遗产。目前《都柏林原则》已经成为世界各国对工业遗产保护与利用的主要遵循原则。

2012年，国际工业遗产保护委员会（TICCIH）在台北召开了第十五次会员大会，通过了工业遗产的《台北亚洲工业遗产宣言》。宣言认为亚洲工业遗产有别于其他地区，因此在定义上必须要有所扩充，范围应该扩大到工业革命前后的工业遗产。亚洲的工业遗产强烈表现出人与土地的关系，在保护的观念上应该突出文化的特殊性。此外，亚洲的工业遗产大部分与殖民势力及文化输入有关，这些文化遗产都应予以保护。《台北亚洲工业遗产宣言》成为未来亚洲工业遗产申报世界文化遗产的新平台。

此外，联合国教科文卫组织《世界遗产名录》（*World Heritage List*）对工业遗产也有界定：工业遗产包括了从矿山、工厂到运河、铁路、桥梁等各种形式的工程设计项目、交通和动力设施。著名的德国鲁尔区工业遗址、埃菲尔铁塔、自由女神像等都是典型的近现代工业遗存[①]。而《世界文化遗产与自然遗产公约》则对不可移动的工业遗产提供了完善的保护体制。

（二）国外工业遗产保护与利用研究现状

国外关于工业遗产保护与利用的文献资料大部分来源于联合国教科文组织（UNESCO）、世界遗产委员会（WHC）、国际古迹遗址理事会（ICOMOS）和国际工业遗产保护委员会（TICCIH）发行的期刊及颁布的相关文件。对工业遗产保护和研究比较深入的国家主要集中在欧洲地区，以英国、法国、德国等传统意义上的工业强国为代表，亚洲则以日本为典型，美洲的美国和加拿大对此也有较深的研究。成果显示工业遗产研究有研

---

① 联合国教科文组织官网：http://whc. unesco. org/en/search/? criteria = World+Heritage+List。

究领域广、研究类型多元、研究内容丰富等几大特点。研究成果
多以在"工业考古""遗产管理""文化遗产""文化旅游""城市
规划建设""城市管理"等相关的学术刊物上发表，或者相关论
坛演讲、会议论文集的形式呈现。

1. 英国的工业遗产保护与利用研究

对工业遗产的研究，首先起源于工业革命的发源地英国。
1953 年，伯明翰大学 Donald Dudley 首先提出"工业考古"这个
名词。1955 年英国伯明翰大学 Michael Rix 在英国《历史爱好
者》杂志上发表论文，把对英国工业革命以来旧的工业建筑、机
械、纪念物等的研究称为"工业考古"，并提出要加强对英国现
存大量的工业遗迹、纪念物、机械的研究与保护[1]。这篇论文正
式提出了"工业考古"的概念。1963 年英国学者 Kenneth
Hudson 以专著形式出版了《工业考古学导论》一书，这是学术
界的第一本工业遗产相关的论著，专著对工业考古学的早期研究
领域作了界定并提出了一些研究方法[2]。英国巴斯大学技术史研
究中心主任 Angus Buchanan R. [3] 于 1974 年出版的专著《英国
工业考古学》、1975 年 Neil Cossons[4] 出版的专著《工业考古学
的基本要点》，将英国的工业遗产研究推向了第一个高潮。1991
年 Yale P. 在《从旅游吸引物到遗产旅游》一文中对英国"工业
考古"研究进行了回顾，对工业遗产旅游资源进行了分类介绍，
并以英国第一个"世界遗产"铁桥峡谷工业地为案例介绍了工业
遗产旅游发展历程，是一部系统介绍工业遗产及旅游的具有代表

---

[1] Micharl Rix. Industrial Archaeology, Amateur Historiar, 1955：17－19.

[2] Kenneth Hudson. IndustHal Archeology：An Introduction, Chester Springs, Dufour Editions, 1963.

[3] Angus Buchanan R. Industrial Archaeology in Britain, Allen Lam, 1974.

[4] Neil Cossons. The Bp Book of Industrial Archaeology, Vt. David&·Charles, 1975.

性的研究成果①。1999—2002 年，英国文物学家 Stephen Hughes 与 ICOMOS、TICCIH 联合完成了《国际煤矿业研究》②，对煤矿工业遗产的概念、历史、价值属性、功能演变等基本问题进行了回顾与梳理。该研究的研究范围从工业建筑群扩大到工业景观，直接促成了威尔士布莱纳文工业景观公地、德国埃森的关税同盟煤矿工业区在 2000 年被列入世界文化遗产。

2. 美国的工业遗产保护与利用研究

1972 年美国学者 Symonds Roger 在《历史》杂志上发表论文《工业考古的保护与视角》，文章展望了工业遗产研究，通过对工业遗产的研究为美国历史文化遗产研究提供了新的角度③。1978 年 Theodore 出版了著作《工业考古：一种美国遗产的新视角》，对工业遗产的重要性进行了阐述，提出工业遗产是美国历史文化的重要组成部分，通过对一些工业遗产案例的分析总结了美国工业遗产保护的现状和保护利用方法可行性④。2008 年美国学者 Douglas 编著的《美国工业考古：野外工业指南》一书，对桥梁、铁路、公路、运河、制造业工厂、水力发电等不同类型的工业遗产分别做了理论与实践研究，从技术史与历史的背景分析入手，对每个案例进行研究，对未来工业遗产保护与利用措施做了深入探讨⑤。

---

① Yale P. From Tourism Attractions to Heritage Tourism，Elm Publications，1991.

② Stephen Hughes. COLLIERIES STUDY，A Joint Publication of ICOMOS and TICCIH，2002.

③ Symonds Roger. Preservation and Perspective in Industrial Archaeology，History，1972（5）.

④ Theodore Anton Sande. Industrial Areheology：A New Look at the American Heritage，S. Greene Press，1978.

⑤ Douglas C McVarish. American Industrial Areheology：A Field Guide，Left Coast Press，2008.

3. 德国的工业遗产保护与利用研究

1925年，当时的莱茵省文物保护专家保罗克莱曼提出：也许在将来当人们回顾20世纪第一个25年的时候，会认为最具有代表性的建筑遗迹不是那些传统意义上的高楼，而是那些雄伟并且很有特色的工厂建筑。1936年德国巴登州文物保护局编辑了一个特别的"技术遗产"（Denkmaelem der Technlk）的目录，将工业遗产保护的对象延伸到对于工业技术遗产的保护。德国学者 Hermann Laser 首次提出"工业遗产"的概念，他认为工业遗产属于工业文化的一部分[①]。

4. 日本的工业遗产保护与利用研究

在亚洲，日本是最早涉猎工业遗产研究的国家，这与日本学界开放的学习氛围和日本发达的工业背景有着密不可分的联系。1978年日本学者黑岩俊郎和玉置正美合著出版了《工业考古学入门》，这本书是一本讲述工业考古学方法入门的教材，书中对英国与日本的工业考古学研究动向进行了回顾与展望[②]。1986年山崎俊雄和前田清志合编出版了《日本的工业遗产——工业考古学研究》，这是一本收录学会会员的研究调查报告论文集，山崎俊雄从技术史与工业考古学的关系角度进行研讨[③]，种田明从博物馆与工业考古学间的关联角度进行研讨[④]。2004年井上敏、野尻亘学者发表论文《工业考古学和工业遗产——为什么收集资料，为了向谁传递而保存》，文章对日本工业考古学和工业遗产

---

① 马航、苏妮娅：《德国工业遗产保护和开发再利用的政策和策略分析》，《城市规划与设计》，2012年第1期，第28～32页。

② 黑岩俊郎、玉置正美：《產業考古学入門》，東洋経済新報，1978年。

③ 山崎俊雄：《技術史と產業考古学》，《日本の產業遺產——產業考古学研究》，玉川大学出版部，1986年。

④ 種田明：《產業考古学と博物館——歷史との接点在求めて》，《日本の產業遺產——產業考古学研究》，玉川大学出版部，1986年。

的研究做了详细的文献综述，指出了日本工业考古学在学科建设中的问题①。2009年平井東幸、種田明、堤一郎编著的《调研工业遗产——致初学者的工业考古学入门》详细介绍了日本各地不同类型的工业遗产，并展望了工业考古学的未来发展趋势②。

从研究的主要内容看，国外工业遗产研究主要集中在两大领域，一是工业遗产保护与利用与城市发展的理论探讨，二是工业遗产保护与利用的实践探索。

工业遗产保护与利用的研究内容主要包含：①工业遗产的管理及利用研究，比较有影响力的代表作有阿尔弗瑞和普特南的《工业遗产管理资源和利用》，其从工业文明角度阐释了工业遗产的价值。②工业遗产的保护研究，如 Binney M. 和 AdousT. 对英国工业遗产状况及对本国工业遗产进行保护的必要性进行的论述③④。③各国工业遗产的研究，如法国学者 Belhoste F.、Carier C. 和 Smith P.，Wanhill S. A.、Leniud J. M. 和 Le Roux T. 等对法国工业遗产资源及保护进行了研究。西班牙学者 Casanelles E.，荷兰学者 Nijhof P.，比利时学者 Leloup F.、Moyart L. 等均对本国工业遗产的案例进行了深入研究。④工业遗产与博物馆的研究，博物馆作为工业遗产保护及利用的重要载体，如 Bowditch J.、De Corte B. 等研究者对其投入了极大的关注。⑤其他研究，EdwardsJ A. 等对煤矿等工业遗产的研究，

---

① 井上敏、野尻亘：《産業考古学と産業遺産——何のために情報を收集し誰に伝えるために保存するのか》，《桃山学院大学総合研究所紀要》，2004年，第30卷61～90頁。

② 平井東幸、種田明、堤一郎：《産業遺産を歩こう——初心者のための産業考古学入門》，東洋経済新報社，2009年。

③ Binney M. The Industrial Heritage Managing resources and user, London Routledge, 1992.

④ Aldous T. Britain's industuial heritage seeks world status, History Today, 1999（5）：3–13.

Munday M. 等人从经济影响方面对工业遗产地的研究等。

二、国内文献综述

（一）国内工业遗产的主要法律法规、政策文件

国内工业遗产保护和再利用遵循的基本原则有四个纲领性文件（见表2－2）。2006年在无锡举行的中国工业遗产保护论坛上，通过了《无锡建议——注重经济高速发展时期的工业遗产保护》，此后《关于转型时期中国城市工业遗产与保护与利用的武汉建议》《抢救工业遗产——关于中国工业遗产保护的倡议书》《杭州共识》等多份以城市命名的工业遗产保护与利用的会议文件相继发布，标志着我国工业遗产的保护管理与研究工作进入一个新阶段。值得注意的是这些文件分别由中国古迹遗址保护理事会、中国城市规划学会、中国建筑学会工业建筑遗产学术委员会、中国城科会历史文化名城委员会提出，并非政府部门出台的正式的法规，证明国内工业遗产保护和再利用来源于民间的呼吁。

表 2-2 我国工业遗产保护与利用相关主要文件

类型	时间	名称	发布机构	主要内容	备注
纲领性文件	2006 年	《无锡建议——注重经济高速发展时期的工业遗产保护》	中国古迹遗址保护理事会	对我国工业遗产的范围做了界定，总结归纳工业遗产面临的威胁，提出工业遗产保护的七大途径	
	2010 年	《关于转型时期中国城市工业遗产保护与利用的武汉建议》	中国城市规划学会	指出工业遗产保护与利用的误区，提出保护与利用的六大措施	
	2010 年	《抢救工业遗产——关于中国工业遗产保护的倡议书》	中国建筑学会工业建筑遗产学术委员会	呼吁全社会共同关注，抢救推土机下宝贵的工业遗产	
	2012 年	《杭州共识》	中国城科会历史文化名城委员会	开展工业遗产普查，明确认定标准，建立登录制度，创新审批管理机制，倡导工业遗产活态保护	
技术文件	2011 年	《中国工业遗产调查索引》	工业遗产保护委员会	对工业遗产调查的方法、程序和调查的内容、格式做了标准化的统一	
	2014 年	《中国工业遗产价值评价导则》	国家文物局	对工业遗产的稀缺性、整体性和完整性进行了评价	
	2009 年	《北京工业遗产保护与再利用工作导则》	北京市工业促进局	对北京的工业遗产价值评价和再利用提出了基本的方向	

续表2-2

类型	时间	名称	发布机构	主要内容	备注
国家法律法规	1982年11月19日实施，2017年11月4日修订	《中华人民共和国文物保护法》	全国人民代表大会常务委员会	大多数工业遗产可以纳入《中华人民共和国文物保护法》第二条第五项"反映历史上各时代、各民族社会制度、社会生产、社会生活的代表性实物"的范围	仅适应于核定为文物保护单位的工业遗产
	2003年7月1日起施行	《中华人民共和国文物保护法实施条例》	中华人民共和国国务院		仅适用于核定为文物保护单位的工业遗产
	1989年10月20日起实施	《中华人民共和国水下文物保护管理条例》	中华人民共和国国务院		仅适用于核定为文物保护单位的工业遗产
	2008年7月1日起实施	《历史文化名城名镇名村保护条例》	中华人民共和国国务院	工业化阶段的历史遗迹	
部门文件	2006年5月	《关于加强工业遗产保护的通知》	国家文物局	要求各级文物行政部门认识工业遗产的价值及保护意义、重要性和紧迫性，研究解决工业遗产保护面临的问题和矛盾，处理好工业遗产保护和经济建设的关系	

续表2-2

类型	时间	名称	发布机构	主要内容	备注
部门文件	2016 年 12 月 30 日	《关于推进工业文化发展的指导意见》	工业和信息化部、财政部	推动工业设计创新发展、促进工艺美术特色化和品牌化发展、推动工业遗产保护与利用、大力发展工业旅游、支持工业文化新业态发展	
地方法律法规	2017 年 1 月 1 日	《黄石市工业遗产保护条例》	黄石市人民代表大会常务委员会	工业遗产的概念和范围、认定的标准与原则、保护与利用的策略与方法、违反法律行为的责任认定与处罚措施共 39 条	国内第一部针对工业遗产的专门法律法规
	2002 年 7 月	《上海市历史文化风貌区和优秀历史建筑保护条例》	上海市人民代表大会常务委员会	将具有历史和技术价值的厂房、仓库等工业遗产纳入优秀历史建筑保护范畴	
	2004 年	《北京历史文化名城保护条例（草案)》	北京市人民代表大会常务委员会	提出首钢和东郊的纺织城等一些建于 20 世纪 50 年代的大型企业，应作为北京工业化阶段的历史遗迹加以保护，并纳入历史文化名城保护范围。	

续表2-2

类型	时间	名称	发布机构	主要内容	备注
地方文件	2017年3月22日	《南京市工业遗产保护规划》	南京市规划局、南京市经济和信息委员会	规划对南京市工业遗产评价标准进行了规定，编制了南京工业遗产保护名录，细化了工业遗产保护措施	
	2004年9月	《关于加强优秀历史建筑和授权经营房产保护管理的通知》	上海市房屋土地资源管理局	加强了对工业遗产的保护与管理，规范了对工业遗产保护与利用的措施	
	2009年5月	《北京市保护利用工业资源发展文化创意产业指导意见》	北京工业促进局	同时结合规划管理、文化创意产业发展政策等工作，提出了鼓励保护工业遗产的相关政策	

资料来源：作者自制

　　2006年4月18日，以"重视并保护工业遗产"为主题的中国工业遗产论坛在江苏无锡举行。论坛发布了我国首部关于工业遗产保护的共识文件——《无锡建议——注重经济高速发展时期的工业遗产保护》，工业遗产保护问题被正式提上议程。《无锡建议——注重经济高速发展时期的工业遗产保护》提出应注重经济高速发展时期的工业遗产保护，实现经济建设与文化遗产保护的协调和可持续发展。该建议对我国工业遗产的范围做了界定，并指出我国工业遗产因受到城市空间结构和使用功能需求的巨大变化、现代技术的运用和社会方式的转变等威胁，一些尚未被界定为文物、未受到重视的工业遗产和相关遗存没有得到有效保护，正急速从城市中消失。该建议通过七个途径对工业遗产进行保护：①提高认识，转变观念，呼吁提高对工业遗产的广泛关注；②开展遗产资源普查，做好评估和认定工作；③将重要工业遗产及时公布为文物保护单位或不可移动文物；④发挥媒体及公众的监督作用；⑤编制工业遗产专项规划纳入城市总规；⑥鼓励区别对待、合理利用工业遗产；⑦借鉴国际社会工业遗产保护的经验教训，加强工业遗产保护与利用研究。

2010年4月23日，中国城市规划学会在武汉召开"城市工业遗产保护与利用专题研讨会"，并形成《关于转型时期中国城市工业遗产与保护与利用的武汉建议》。该建议提出：①尽快统一对城市工业遗产的内涵界定，摸清工业遗产现状；②进一步明确城市工业遗产保护与利用的指导思想，确立基本原则；③积极探索对城市工业遗产保护与利用的模式，实现多元化利用；④逐步探索对城市工业遗产保护与利用的实施路径，加强规划指导；⑤建立城市工业遗产保护与利用的保障制度，做到有法可依；⑥积极运用各种先进的理念和先进技术，科学利用工业遗产。

2010年11月5日，中国建筑学会工业遗产学术委员会在清华大学成立，这是我国工业遗产保护领域的第一个学术组织。同日，"2010年中国首届工业遗产学术研讨会"召开，与会代表一致通过了《抢救工业遗产——关于中国工业遗产保护的倡议书》，呼吁全社会共同关注，抢救推土机下宝贵的工业遗产。

2012年11月，"中国工业遗产保护研讨会"在杭州举行。与会专家经实地参观考察，发表了著名的《杭州共识》。《杭州共识》的主要亮点是将工业遗产纳入历史文化名城保护体系，建立工业遗产登录制度，创新工业遗产审批管理机制，加快制定工业遗产相关法规规章，完善环境质量评价体系，加强工业遗产适应性再利用，关注已不具备新工艺革新和新生产功能的工业遗产，倡导工业遗产活态保护。

（二）国内工业遗产保护与利用研究现状

我国工业遗产的研究起步较晚，直到 20 世纪 90 年代中期，国内学者才开始涉足该研究领域。研究成果显示：从研究时间看，2006 年是国内工业遗产研究的一个分水岭；从研究学科看，工业遗产是一个多学科交叉协同的研究；从研究内容来看，工业遗产基础理论、工业遗产保护与再利用、工业遗产旅游开发、工业遗产改造、工业遗产与景观更新等是研究热点；从研究成果涉及的地区分布看，经济发达地区多于欠发达地区。

1. 研究时段

在中国知网（CNKI）上，以"工业遗产"为篇名检索十余年的期刊和硕博论文情况，可以看到 2006 年之前，对工业遗产的成果研究较为缺乏（见图 2-1、图 2-2）。

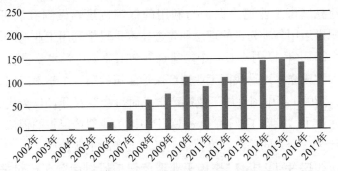

图 2-1　CNKI 2002—2017 年度期刊发表数量

资料来源：作者自制

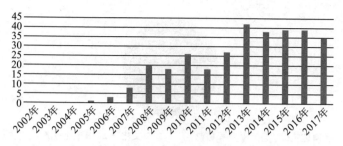

图 2-2　CNKI 2002—2017 年度硕博论文数量（篇）

资料来源：作者自制

2006 年后，研究成果稳定在一定数量且有增长的趋势，这与 2006 年我国工业遗产领域的里程碑文件《无锡建议——注重经济高速发展时期的工业遗产保护》的出台密不可分。在工业遗产正受到工业衰退和去工业化过程的威胁的背景下，我国学术界掀起了工业遗产理论研究的一个高潮。

2. 研究学科

目前的研究涉及学科包括建筑科学与工程、旅游、文化、考古、工业经济、宏观经济管理与可持续发展、文化经济、交通运输经济研究等（见图 2-3）。其中建筑科学与工程的占比最大，高达 53%，其他占比较大的研究学科分别是旅游经济 13%、文化经济 11%、工业经济 7%。从刊录文献的期刊来看，关注工业遗产研究的刊物集中在建筑规划、城市研究等领域的刊物上，还有一些散见于地理学、旅游遗产和文物等相关领域，充分彰显了工业遗产是一项多学科交叉协同的研究。

■建筑科学与工程程 ■旅游　　　　　■文化　　　■工业经济
■考古　　　　　■档案及博物馆　■文化经济　■宏观经济管理
■资源科学　　　■交通运输经济

图 2-3　学科分布图

资料来源：作者自制

3.　研究地区分布

研究多集中于工业遗产较为集中的地区，历史上工业发展较早的城市和地区也受到较多的关注。CNKI 显示 2002 年到 2017 年期间，关于上海工业遗产的研究论文有 38 篇，沈阳 25 篇，武汉 19 篇，北京 18 篇，天津 16 篇，杭州 16 篇，南京 15 篇，重庆 11 篇。对于工业遗产比较集中的"小三线"城市，工业遗产研究基本处于空白。

4.　研究内容

（1）工业遗产基础理论研究。

研究主要围绕工业遗产的概念、价值、特征、类型等方面。北京大学景观设计研究院院长俞孔坚 2006 年在《建筑学报》上发表的《中国工业遗产初探》，阐述了工业遗产的概念、范围，罗列了我国工业各发展阶段中的潜在工业遗产，以及我国对工业遗产保护与利用的发展状况[1]，对研究我国工业遗产具有极其重

---

① 俞孔坚、方琬丽：《中国工业遗产初探》，《城市规划汇刊》，2006 年第 8 期，第 12~15 页。

要的参考价值。同济大学建筑规划学院教授阮仪三 2004 年发表的论文《产业遗产保护推动都市文化产业发展——上海文化产业区面临的困境与机遇》阐述了上海产业遗产保护的重要性，提出上海应抓住现今发展的机遇，大力发展文化产业①。他的另一篇文章《原真性视角下的中国建筑遗产保护》提出工业遗产要注重原真性保护，为处理好工业遗产"保护"与"利用"的关系提供了借鉴作用。

北京工业大学张健等②对工业遗产的价值标准、适宜的再利用模式做了深入研究，将工业遗产价值评估标准与其再利用模式联系起来，应用定量分析的方式来解决工业遗产价值评判的问题。以同济大学朱晓明教授为代表的建筑学研究者从历史的角度分析了工业遗产的形成以及其背后的珍贵文化价值③。苏州科技学院张芳以文化学研究的视角关注工业遗产的研究，将工业遗产纳入城市文脉，来思考工业遗产和城市的关系④。

北京大学阙维民分析了农业文明时期、近现代中国工业遗产的特性⑤。重庆社科院刘容基于近代工业诞生以来至现代这一时间跨度里的中国工业遗产的总体状况，提炼了中国工业遗产的三个特征⑥。

---

① 阮仪三：《产业遗产保护推动都市文化产业发展——上海文化产业区面临的困境与机遇》，《城市规划汇刊》，2004 年第 4 期，第 152 页。
② 张健、隋倩婧、吕元：《工业遗产价值标准及适宜性再利用模式初探》，《建筑学报》，2011 年第 1 期，第 88～92 页。
③ 朱晓明、吴杨杰、刘洪：《156 项目中苏联建筑规范与技术转移研究——铜川王石凹煤矿》，《建筑学报》，2016 年第 7 期，第 87～92 页。
④ 张芳：《基于城市文脉的城市工业废弃地重构城市景观的策略》，《建筑与文化》，2016 年第 1 期，第 157～159 页。
⑤ 阙维民：《世界遗产视野中的中国传统工业遗产》，《经济地理》，2008 年第 6 期，第 12～15 页。
⑥ 刘容：《场所精神：中国城市工业遗产保护的核心价值》，《东南文化》，2013 年第 1 期，第 32～34 页。

上海大学陆邵明借鉴建筑学对历史遗产的划分①。清华大学冯立按照形态特征将工业遗产划分为可移动的工业遗物、不可移动的工业建筑（群）和景观、非物质工业文化三类②。

（2）工业遗产保护与利用实例研究。

关于工业遗产保护与利用模式具体实例的比较有影响力的研究文章有：张松的《上海工业遗产的保护与适当利用》，李蕾蕾、刘会远的系列文章《德国工业旅游面面观》，李蕾蕾的《逆工业化与工业遗产旅游开发：德国鲁尔区的实践过程与开发模式》，宋颖的《上海工业遗产保护与再利用研究》，苏玲的《面向面向城市的工业遗产保护——以南京工业遗产保护为例》，季宏的《"活态遗产"的保护与更新探索——以福建马尾船政工业遗产为例》，等等。

（3）工业遗产旅游开发。

东北工业遗产、三峡古盐业遗址、福州马尾区、赣州森林小铁路、安徽铜陵矿、杭州运河工业遗产旅游等工业遗产旅游也进入了人们的视野。

（4）工业遗产与景观更新。

一批学者以旧厂房或火车站等为例对工业建筑的改造方法和设计进行了研究，比较有代表性的如吴木生等的《旧厂区的社区化改造》，周庆华等的《探索城市旧工业区改造的和谐之路——西安纺织城改造规划研究》，沈实现、韩炳越的《旧工业建筑的自我更新——798工厂的改造》等。俞孔坚等对中山岐江公园和上海世博园的工业景观设计进行了探讨，张艳锋对沈阳铁西工业区景观设计进行了探索。

总体来看，我国近十年来对工业遗产的研究取得了较大的进

---

① 陆邵明：《关于城市工业遗产的保护与利用》，《规划师》，2006年第10期，第13~15页。

② 冯立：《关于工业遗产研究与保护的若干问题》，《哈尔滨工业大学学报（社会科学版）》，2008第2期，第1~8页。

展，但是对于工业遗产研究还存在研究深度不足、理论基础薄弱的问题。学者研究聚焦在工业遗产本身，多数研究简单地将工业遗产当作一种经济资源来利用，而对工业遗产与地方经济社会发展的关系重视仍显不够。

第三节　工业遗产保护与利用理论的发展趋势

一、工业遗产保护与利用理论的缘起与历程

伴随着城市经济和产业结构调整而出现的工业遗产是工业社会发展所引起的世界性普遍现象。如上文所述，西方国家对工业遗产保护与利用研究，是从"工业考古"开始，随着研究的深入，逐渐形成工业遗产保护的意识，随后发展为对工业遗产管理的研究，最终形成工业遗产保护与利用研究体系。对于工业遗产的保护与开发可追溯到 19 世纪末的英国，但真正开始大规模对工业遗产的研究则是 20 世纪 50 年代。

根据北京大学阙为民的观点[①]，他把国际工业遗产的保护、管理与研究划分为四个阶段：

第一阶段为肇始阶段（20 世纪 50 年代）。这一阶段对工业遗产的探讨零星出现，由于对工业遗产的认识还很浅，因此对工业遗产的研究主要集中在通过工业物质遗存追溯与探索工业相关技术的发展。

第二阶段为初创阶段（20 世纪 60—80 年代）。工业遗产研究在这一阶段已有一定的规模，工业考古组织在欧洲等工业发达国家纷纷成立，1978 年在瑞典成立的国际工业遗产保护委员会

---

① 阙为民：《国际工业遗产的保护与管理》，《北京大学学报（自然科学版）》，2007 年第 7 期，第 523~534 页。

标志着工业遗产的保护开始迈上全球化合作的道路。这一阶段国际上也已有大量相关工业遗产保护或再利用的探索，在探索前期更多地注重工业遗产的保存，如美国伯明翰斯洛斯熔炉的完全保存，瑞典早期鼓风炉的保存等；后期主要是针对城市老工业区的改造与利用，如著名的德国鲁尔老工业区改造计划，英国道克兰码头工业集结带的改造、阿尔伯特码头区再生等。

第三阶段为世界遗产化阶段（1993—2004 年）。进入 20 世纪 90 年代，UNESCO 世界遗产委员会更为关注世界遗产种类的均衡性、代表性与可信性，1994 年世界遗产委员会提出了世界遗产名录全球战略，工业遗产得到了前所未有的重视，国际古迹遗址理事会对运河遗产、桥梁遗产、煤矿遗产等工业遗产类型都分别做了深入研究。UNESCO 世界遗产委员会提出与发布的世界遗产类型系列报告、计划中，工业遗产均有记录。这一阶段工业遗产研究的一个突出特征是，研究开始从描述性工业遗产研究发展为分析性工业遗产研究，学者们开始将工业遗产的价值放在社会发展的脉络中来进行考察，通过工业遗迹进而探索其社会关系与文化特征。

第四阶段为主题化阶段（始自 2005 年）。2005 年 2 月 2 日，国际工业遗产保护委员会（TICCIH）被列为世界遗产评审咨询组织。2005 年 10 月 17—21 日在中国西安召开的国际古迹遗址理事会（ICOMOS）第 15 届大会暨学术研讨会，将 2006 年 4 月 18 日国际文化遗产日的主题确定为产业遗产（Heritage of Production），后定名为工业遗产（Industrial Heritage）。这标志着世界文化遗产中的工业遗产越来越受到人们的重视，国际工业遗产保护开始走进新阶段。目前学界对工业遗产保护与利用的研究领域主要集中于工业考古学、工业历史地段更新、工业建筑遗产改造与再利用、工业建筑遗产的保护及修复技术、工业景观与工业旅游、工业遗产管理等。

二、我国工业遗产保护与利用理论的发展趋势

随着经济的转型，城市将涌现出更多的闲置工业建筑和产业遗存，同时社会各界对工业遗产的关注度越来越高，将会有更多的研究机构投入工业遗产的研究中来。目前工业遗产也从早期的建筑学、考古学等学科的边缘学科成长为独立的研究学科，我国未来工业遗产保护与利用的研究发展趋势有以下几个方面。

（一）研究对象从单一的物质遗产保护扩展到物质与非物质遗产兼顾

联合国教科文组织对工业遗产的认定完全体现在物质层面，国际工业遗产保护协会颁布的《下塔吉尔宪章》虽然提到了非物质工业遗存的保护意义以及生产流程、文档资料、工业记录等几类保护内容，使非物质工业遗存在一定程度上受到关注，但是相对于内涵界定具体翔实、可操作性强的物质形态工业遗产，学术界对非物质形态的工业遗产关注甚少。随着对工业遗产保护与利用认识的不断深入，越来越多的学者不断呼吁，不仅要保护工业遗产的物质要素，更要重视工业遗产中具有特殊意义和代表性的非物质遗产内容。中国农业文明时代的古代技术遗存与近代民族工业遗产都是中华文明史的重要组成部分。以中国为代表的传统农耕国家，有着漫长的农耕经济发展史，手工业以及工程技术较早得到发展，历史悠久，近现代工业化发展较晚。我国古代手工业长期在世界处于领先地位，形成了矿冶业、纺织业（丝织业/棉纺织业）、制瓷业、制糖业、酿酒业、印刷业、造纸业、造船业、井盐业等门类较为齐全的古代工业生产体系[①]。根据联合国教科文组织对非物质文化遗产内涵的界定，蕴藏其中的人类古老

---

① 何军、刘丽华：《工业遗产保护体系构建——从登录我国非物质文化遗产名录的传统工业遗产谈起》，《城市发展研究》，2010 年第 8 期，第 118 页。

工业技能可以被认定为非物质工业文化。这类赋存丰富，特色鲜明，代表着当时各行业最先进的工艺发展水平的非物质工业文化，将与近现代工业档案、生产流程和工艺技能等一起成为未来工业遗产研究的学术焦点。

（二）研究内容从简单的个体层面研究上升到复杂的城市层面研究

在近几年，工业遗产保护研究已经从初期的单体建筑的保护向工业街坊、工业片区整体保护的趋势发展，向包括空间、格局、建筑、交通、景观、环境等综合要素的整体保护趋势发展，但是仍停留在简单的个体层面的研究阶段。随着工业遗产在完善城市功能、提升城市综合实力中的价值的逐步体现，未来的研究内容会从简单的个体层面最终上升到复杂的城市层面研究。因此在未来的研究中，除了关注政府和经济发展的需求，更要关注城市、社区和人，深入思考工业遗产与城市、社区和人的需求，解决"被边缘化"的低收入群体的现实需求和城市发展的实际问题，走出一条工业遗产与城市共生的更新之路。

（三）研究空间范围从大城市、工业城市向中小城市延展

工业遗产研究成果显示，不管是国外还是国内，越是发达的城市越重视工业遗产的保护与利用。国内工业遗产研究关注的多是近代以来沿海一带工业发展较快的地区，包括上海、广东、杭州等，它们都是国内工业遗产保护与利用较好的城市。我国地域面积广阔，除了大城市，近现代遗留下来的工业遗产还分布在众多的中小城市。这些中小城市的布局多为"一五""二五"和"三线"建设时期的工业企业，国务院 2013 年发布的《全国老工业基地调整改造规划（2013—2022 年)》显示（见表 2-3)，"一五""二五"和"三线"建设时期国家布局建设、以重工业骨干

企业为依托聚集形成的工业基地，分布于 27 个省，合计 120 座，其中地级城市多达 95 个[①]。抚顺、本溪、四平、安阳、六盘水、攀枝花、汉中、十堰、宝鸡、天水等中小城市都是著名的老工业基地。随着国家战略的推进，老工业基地产业结构优化升级以及城区老工业区调整改造正在加快步伐，数量巨大、类型丰富、特征鲜明的工业遗产因为其短暂历史而成为城市建设的牺牲品，许多重要遗存正在无可挽回的快速消失，工业遗产的保护与利用工作迫在眉睫。未来学者们在持续关注清末和民国时期形成的工业遗产的同时，一定会关注到中小城市的工业遗产保护与利用。

表 2-3　全国老工业基地调整改造规划范围

地级城市（共 95 个）：河北省（6 个）：张家口、唐山、保定、邢台、邯郸、承德；山西省（5 个）：大同、阳泉、长治、晋中、临汾；内蒙古自治区（2 个）：包头、赤峰；辽宁省（11 个）：鞍山、抚顺、本溪、锦州、营口、阜新、辽阳、铁岭、朝阳、盘锦、葫芦岛；吉林省（6 个）：吉林、四平、辽源、通化、白山、白城；黑龙江省（6 个）：齐齐哈尔、牡丹江、佳木斯、大庆、鸡西、伊春；江苏省（3 个）：徐州、常州、镇江；安徽省（6 个）：淮北、蚌埠、淮南、芜湖、马鞍山、安庆；江西省（3 个）：九江、景德镇、萍乡；山东省（2 个）：淄博、枣庄；河南省（8 个）：开封、洛阳、平顶山、安阳、鹤壁、新乡、焦作、南阳；湖北省（6 个）：黄石、襄阳、荆州、宜昌、十堰、荆门；湖南省（6 个）：株洲、湘潭、衡阳、岳阳、邵阳、娄底；广东省（2 个）：韶关、茂名；广西壮族自治区（2 个）：柳州、桂林；四川省（8 个）：自贡、攀枝花、泸州、德阳、绵阳、内江、乐山、宜宾；贵州省（3 个）：遵义、安顺、六盘水；陕西省（4 个）：宝鸡、咸阳、铜川、汉中；甘肃省（4 个）：天水、嘉峪关、金昌、白银；宁夏回族自治区（1 个）：石嘴山；新疆维吾尔自治区（1 个）：克拉玛依

---

① 国务院批准（国函〔2013〕46 号）：《全国老工业基地调整改造规划（2013—2022 年）》。

直辖市、计划单列市、省会城市的市辖区（共25个）： 北京市石景山区、天津市原塘沽区、上海市闵行区、重庆市大渡口区、石家庄市长安区、太原市万柏林区、沈阳市大东区、大连市瓦房店市、长春市宽城区，哈尔滨市香坊区、南京市原大厂区、合肥市瑶海区、南昌市青云谱区、济南市历城区、郑州市中原区、武汉市硚口区、长沙市开福区、成都市青白江区、贵阳市小河区、昆明市五华区、西安市灞桥区、兰州市七里河区、西宁市城中区、银川市西夏区、乌鲁木齐市头屯河区

资料来源：作者自制

（四）研究学科从单一学科到建立学科交叉体系

目前的研究成果更多是从不同学科、不同角度对工业遗产进行研究、实践和探索，大多数研究均从单一视点切入进行研究，如社会文化、建筑规划、城市景观、旅游产业等，研究视角的单一化不能完全详尽地甄别工业遗产的全部价值。在城市化进程加快的大背景下，工业遗产的保护与利用正面临越来越复杂的难题，仅靠单一学科往往难以找到最佳解决方式。随着国家对交叉学科的重视与支持，交叉学科在我国越来越受关注。工业遗产保护研究在对原有学科深耕细作的基础上，找到与其他学科的内在逻辑联系，学科相互作用，通过建立学科交叉体系进行更恰当的研究，有可能产生颠覆性技术和引领性原创成果，从而创造出"1+1>2"的效果。

（五）研究方法从定性研究到定性定量研究结合

在早期研究阶段，学者们对工业遗产的研究采用定性的方法，围绕工业遗产定义、价值以及开发保护模式进行探讨，多在价值层面上进行分析，由于缺乏定量分析，无法对工业遗产进行合理的分类，也无法建立保护分类系统，目前的研究中尚无确定可行的评价系统。下一阶段工业遗产保护研究的方法会侧重于由定性研究转向定性定量相结合，深化对评价因子的选择论证、对评价结果的再评价等内容，进一步佐证评价因子、评价结果的科学性，从而推动相关理论研究量化和系统化，以进一步增强研究成果的科学性，使研究成果更好地服务于我国的工业遗产保护与利用工作。

信息技术已经成为产业进步和企业发展的最强大的推动力以及最重要的技术手段之一，在每个领域的产业升级和快速发展中均发挥了巨大作用，计算机和信息技术在工业遗产领域的应用也将更为广泛。未来工业遗产研究技术手段的发展趋势将是系统论仿真研究的介入以及多学科研究方法的协同。BIM 技术应用于工业建筑遗产历史信息的采集，有助于对工业建筑遗产进行全周期信息的记录和模拟。BIM 技术的成本降低和进一步普及将会使其在工业遗产研究中的广泛应用成为可能，应加强运用 3D 测绘、BIM 技术等手段，完善工业建筑遗产历史信息的采集。使用 GIS、Flex 等软件平台，协同不同的评价方法创建工业遗产保护数据库，使信息的保护、管理以及空间分析更为便捷。应用 3S 信息技术进行工业旅游资源、游览线路和环境因素的空间结构分析与可视化表达。

第三章　工业遗产的价值构成及评价

第一节　工业遗产价值内涵

一、价值概念解析

价值（value）一词最初源于 valoir，在古代梵文和拉丁文中包含"掩盖、保护、加固"词义，表示"起掩护和保护作用的，可珍贵、可尊重、可重视的"等含义，日常生活用语中则多用"好的""有利的""优良的""应该的"等词汇表达内容[①]。价值既是为了满足人的需要，同时也是指引人们从事实践活动的动力因素和内在尺度。人类认识世界是为了改造世界，更是为了创造价值从而满足人类自身的需要。价值认识之所以成为人类认识形式中的一大重要类型，是因为价值认识是人类在实践活动目的中不断探索、严格恪守的产物。价值贯穿实践活动始终，在具体实践活动启动之前应率先解决价值认识内容，在整个实践活动过程中价值认识内容一以贯之，在实践活动完结之后对价值认识内容进行全面总结检测并深刻反思。

人类对价值认识的基本途径是评价，人的目光具有赋予事物

[①] 李德顺：《哲学概论》，中国人民大学出版社，2011年，第40页。

以价值的魅力[1]。评价作为一种认识活动，既是针对事物实体本身的由浅入深的理性进程，也是对事物与人之间意义的揭示。总之价值认识是对客观规律的揭示，这是一个由未知到知道、由比较少的了解到比较多的了解的认识的过程。

二、工业遗产价值概念解析

工业遗产价值是历史价值物与现实需求者之间的契合及其所产生的功用。这种功用可以从两个视角来分析：从价值物的角度来看，价值即是价值物之功用的昭示，其结果必然体现为载体的消失和功用的转移；从需求者的角度来看，价值则是需求者享用价值物时所体会到的幸福与快乐的体验。而产生此种体验的原因，多半是因为伴随价值物功用的转移，相应解除了需求者的不足和匮乏，使其领悟到生活的意义，体会到生活的真谛，由此把握到期冀和愿景所立于其上的支柱[2]。对工业遗产价值的认识，从根本上说是作为主体的人对作为客体的工业遗存物所产生的一种意义估价关系，即客体以自身的功能和效用满足人类需要和人类根据自身需要对工业遗存物提供这种满足的认可程度。

工业遗产是承载工业文明的现实之物，从某种意义上来说，凡工业社会遗留下来的与工业文明相关的遗留物均可被为认定为工业遗存。但是，工业社会遗留下来的厂矿、企业、设备、产品、工艺技术、档案等物质和非物质形态的遗留数量巨大，不可能全部予以保存。因此，按一定原则和标准加以挑选，择其典型者、有某种意义者确定为工业遗产，而这项工作必须通过相应研究，在认识其价值的基础上加以认定。

---

① 维特根斯坦：《文化与价值》，清华大学出版社，1987年，第2页。
② 晏辉：《现代性语境下的价值与价值论》，北京师范大学出版社，2009年，第350~351页。

三、工业遗产价值内涵

对于工业遗产的价值内涵，一般认为工业遗产同文化遗产一样有"基础价值"和"功利价值"。国际宪章和各国的遗产保护制度偏重于关注历史、科技、美学、社会等方面的"基础价值"。1972 年，联合国教科文组织发布的《保护世界文化和自然遗产公约》认为文化遗产有历史、艺术、科学、审美或者人类学等方面的突出普遍价值。《中华人民共和国文物保护法》中将文物的价值概括为艺术价值、历史价值、科学价值三种类型。《下塔吉尔宪章》明确阐述了工业遗产的价值在于"技术、历史、社会、建筑或科学价值"。《无锡建议——注重经济高速发展时期的工业遗产保护》则提出工业遗产的价值在于"历史学、社会学、建筑学和科技、审美价值的工业文化遗存"。

随着工业遗产保护理论研究的深入，各国家对工业遗产的理论研究和关注的价值重现理念既包含"基础价值"，也包含"功利价值"。2015 年，我国制定了《中国工业遗产价值评价导则》。该导则着重分析和研究了我国工业遗产的价值内涵及重要性，目的在于全面地认识工业遗产的历史、科技、艺术、社会、文化、经济等价值，并将这些价值内涵纳入工业遗产价值评估和展示利用的指导准则中。该导则对工业遗产的"基础价值"和"功利价值"都有充分体现。

工业遗产的价值基础为其基础价值，而功利价值是存在于其基础价值之上。工业遗产的基础价值是存在于工业遗产自身的，不受任何客观条件影响。而工业遗产的功利价值是受外界条件影响的，工业遗产的功利价值并不能完全反映和体现工业遗产的基础价值，二者甚至在某些情况下会存在冲突。本书认为历史价值、科技价值、美学价值、文化价值是工业遗产的基础价值，经济价值、景观价值、生态价值、区位价值是工业遗产的功利价值。

第二节　工业遗产的价值表征

　　较之于几千年的中国农业文明和丰厚的古代遗产，工业遗产只有几十年的历史，但它们同样是社会发展不可或缺的物证，对城市人口、经济、社会的影响甚至高过同历史时期的文化遗产。工业遗产的基础价值是工业遗产的根本和本源，是工业遗产价值的来源。本节将把工业遗产的基础价值分为历史价值、科技价值、美学价值和文化价值四个层面来进行分析和阐述。

一、基础价值

（一）历史价值

　　历史价值是工业遗产的第一价值，也是社会各方共同关注的特征。工业遗产见证了工业活动对历史和今天所产生的深远影响，是一个历史时代经济、社会、文化、产业、工艺等方面的文化载体，工业遗产记录着特定的历史文化信息，是把握近代历史，解释社会进化发展的重要证据和实物。

　　工业遗产对于人类了解工业文明起源、发展、工业技术的革新、工业组织的变更以及工业价值观的变化，凝结着普遍性的历史价值，有着其他文化遗产无可替代的重要作用和意义。通过工业遗产，可以了解工业社会生产方式、生产关系的发展和变化。譬如可以从设备工艺中了解当时的生产状态，从厂房车间的结构中了解工人之间的关系，从空间布局关系中了解工人与企业主的关系，从工业产品中了解当时社会的生产能力和消费水平，从工业遗产自身发展进程了解它对历史、社会的作用和影响等①。

工业遗产往往又与重大历史事件或重要历史人物有关联，具有特殊的见证价值。比如德国的包豪斯学院（Staatliches Bauhaus），1919 年由德国现代建筑师格罗皮乌斯在魏玛筹建，后改称"设计学院"（Hochschule für Gestaltung），习惯上仍沿称"包豪斯"。在两德统一后位于魏玛的设计学院更名为魏玛包豪斯大学（Bauhaus-Universität Weimar）（见图 3-1）。它的成立标志着现代设计教育的诞生，对世界现代设计的发展产生了深远的影响，包豪斯也是世界上第一所完全为发展现代设计教育而建立的学院。学院采用一套有特色的新的教育方针和方法，培养了一批杰出的现代派艺术大师，是西方激进艺术流派的摇篮。包豪斯学院把古典的或者说传统的建筑教育和艺术设计教育转化为一种现代主义的教育方式，反映了在 20 世纪 20 年代人类思想观念、审美观念包括教育观念的转化②，充分体现了工业遗产的历史价值。

图 3-1 魏玛包豪斯大学
图片来源：https://www.pexels.com/de/suche/Bauhaus-Universit％C3％A4t％20Weimar/

---

① 寇怀云：《工业遗产技术价值保护研究》，复旦大学博士学位论文，2007 年，第 34～38 页。
② 《文化遗产的评价标准》，http://news.xinhuanet.com/edu/2007－12－12/content－7233881.htm。

同时，工业遗产对城市的发展起到了至关重要的作用，如果忽视或者丢弃了工业遗产，就抹去了城市发展中最重要的一部分记忆。例如，加拿大多伦多的旧城区复兴计划，在对城内的工业遗产进行价值阐释时，从轮廓（不断变化着的自然和人造景观）、生活（今昔居住在那里的人们）、影响（与边界及世界的相互影响）三个分主题进行诠释，在每一个主题下针对工业遗产的具体情况设立了生动有趣的故事，形成工业遗产的整体印象，向世界展示了一个不断变化、积极向上的旧城的复兴，成为城市发展的历史记忆。

（二）科技价值

工业遗产是进行工业生产活动的场所，这是它区别于其他文化遗产与自然遗产的重要特征之一。作为工业生产活动的场所，工业遗产完整记录了每个时代科学技术的发展，见证了科学技术对提高生产力的重要作用，包含了许多对生产活动有着重要促进作用的科学发明与技术创造，是人类智慧的结晶。机械设备、生产流程、制作工艺、生产组织方式等工业遗产承载了工业生产活动中重要元素的革新与发展，勾勒了科学技术发展和革新的轨迹。保护好工业遗产才能给后人展示工业领域科学技术的发展过程，对后人在科技方面的研究具有启迪的重要作用，对今后的科学技术发展具有启示的科技价值。

除工业生产工艺的科学技术价值外，工业区、工业建筑、厂房规划建设也是重要的生产活动。工业时代往往将经济和效率作为生产活动追求的核心目标，因此当时的工业建筑也充分体现了那个时代先进合理的建造方式、结构形式与施工工艺。工业遗产的工业建筑物、构筑物，一般采用的是当时的新技术、新材料、新结构；而为了保证工业生产的最大产出以及与城市的关系，工业区的选址与规划也具有相当的科学性。工业遗产对这些方面的记录同样对建筑工程以及城市发展范畴有很大的科学价值。

工业革命使科学技术、城市经济和社会文化等方面产生了前所未有的深刻变化，体现了人类改造社会、改造自然的能力。如1779年由托马斯·法勒·普瑞查德设计的著名的"铸铁桥"（Ironbridg），它是世界上第一座用铸铁建造的桥，坐落在英格兰什罗普郡的萨翁河上（见图3-2）。这座单跨拱桥跨度为30.5米，有5个拱肋，每个拱肋由两个弧形拱肋组成。由于该桥经受住了1795年的特大洪水，从此铸铁开始被广泛应用于桥梁、建筑和引水桥的建造①。这座桥是英国工业革命的显著标志，对于世界科技和建筑领域的发展具有很大的影响。又如1959年我国国修建的酒泉卫星发射中心导弹卫星发射场，作为我国建立最早、规模最大的导弹和卫星试验基地，在过去的40多年间，其建立了比较完备的试验体系，成功地完成了多种型号导弹、远程运载火箭、人造地球卫星以及载人航天飞船的试验。其在科学上

图3-2 "铸铁桥"（Ironbridg）

图片来源：https://www.pexels.com/search/Ironbridg/

---

① 李丽娟：《托马斯·泰尔福特和他设计的铁桥》，《中国文化报》，2009年2月24日，第5版。

具有开创意义，展示出重要的科技价值，因此被国务院列为全国
重点文物保护单位①。

（三）美学价值

作为建筑，工业遗产建筑与其他建筑艺术相同之处在于，都
能体现特定时期、特定区域的建筑风格、流派、形式和特征；其
建筑形式、体量、材料、色彩等方面所记录的建筑元素，都是建
筑艺术不可或缺的重要素材。工业遗产的美学价值与普遍意义上
的建筑艺术的不同之处则在于前者更多地体现为建筑艺术与实用
主义的相互糅合。工业建筑作为工业生产活动的主要载体，具有
不同于一般建筑的独特空间结构，具有工业特色的立面、连续大
空间所体现出的韵律美；大尺度、超尺度的构筑物、生产设备、
管路线网、运输流线，都能在工业区中形成独特的天际线，彰显
工业建筑的力量美；废弃的生产设备、坍塌的工业建筑、荒废的
生产场所是工业遗产的特殊"雕塑"，彰显工业遗产的抽象美。
此外工业遗产还被赋予了特殊的"工业风貌"。作为早期现代主
义的启示点之一，生产设备、生产机械本身严谨的构造、富有逻
辑的精美结构，都是工业建筑独有的"机械美学"的直接体现。
这些富有"机械美学"的生产设备、生产机械以及生产设备群所
体现的工艺流程和产业特征，体现出工业遗产独特的"工业风
貌"，具有重要的景观和美学价值，对后人创造性思维的发挥有
重要的启示作用。

比如北京 798 艺术区（见图 3-3），前身即新中国"一五"
期间建设的"国营华北无线电器材联合厂"（又名 718 联合厂），
718 联合厂是由周恩来总理亲自批准，王铮部长指挥筹建，苏
联、民主德国援助建立起来的。联合厂具有典型的包豪斯风格，

① 单霁翔：《从"文物保护"走向"文化遗产保护"——工业遗产的价值和保
护意义》，《中国文化报》，2009 年 2 月 24 日，第 5 版。

是实用和简洁完美结合的典范。厂房高大宽敞，弧形的屋顶、倾斜的玻璃窗，透射出独特的韵味。其建筑风格简练朴实，讲究功能。为了满足充足采光和避免阳光直晒影响操作的厂房功能需求，设计师采取了半拱形的顶部设计——朝南的顶部为混凝土浇筑的弧形实顶，朝北则是斜面玻璃窗，构成了高大粗粝的完美空间。向北开的窗户，大而通透，不管阴天下雨还是艳阳高照，保证光线都能均匀地撒到房间，这种恒定的光线产生了一种不可言喻的美感。厂房不仅外形漂亮，而且内在结构也相当牢固。由于当时的特殊大环境，在设计建造厂房的时候还充分考虑到备战的需要，为了避免在厂房遭遇袭击发生爆炸时散发热能导致厂房由里向外全部炸毁，设计师特别考虑设计细节，厂房的骨架结实，屋顶薄且留有细缝。这些设计充分体现了工厂建筑的科学性和独特性。独特的美学价值是孕育文化创意产业的宝贵资源和难得空间。

图 3-3　北京 798 艺术区

资料来源：作者自摄

（四）文化价值

工业遗产作为城市文化的一部分，承载的是一所城市曾经的辉煌和坚实的物质基础，同时也是工业文明重要的物质载体与实物见证，反映工业时代特有的工作方式和社会生活方式，与生产生活和社会发展血脉相连，为城市居民、产业工人留下深刻的记忆。工业革命为城市和人们的生活带来了翻天覆地的改变，这些遗留下来的高大厂房、高耸的烟囱、水塔从视觉上具有相当大的震撼力，成了一种极佳的区域吸引力。有价值的工业遗产中形形色色的"地标"已经成为城市识别的鲜明标志，为城市形象塑造增加了特色文化元素。

工业遗产是工业时代普通大众的主要生产生活场所，中国工业遗产的产生和发展伴随着城市的发展，见证了城市兴衰，承载着一代甚至几代人的回忆与情感，是城市居民和产业工人呕心沥血的奋斗成就。在社会日新月异发展的当下，工业遗产的存在可以慰藉人们失落的心灵，通过它们依稀看到自己的往昔，带给人们认同感和归属感。对工业遗产进行改造利用，也对周边城市居民的生活给予尊重，容易引起城市居民和产业工人的共鸣。

工业遗产也是工业城市精神的重要纽带与延续渠道。它承载着生产活动中人们的共同体验、劳动与智慧、情感与回忆，并将这些信息以及工人的历史贡献和崇高精神通过物质及非物质传递到现在以至未来，是工业城市文脉传承的重要载体。工业遗产是工业发展时期的缩影，人们在这个时期的奋斗精神、创新精神，以及凝结在工业遗产中的企业文化、企业精神、企业理念，都是非常重要的教育素材。如轰轰烈烈的大庆油田第一次创业，创造了举世闻名的"大庆精神、铁人精神"。铁人精神经过50多年的成长磨砺、不断创新、不断发展，作为重要的非物质文化遗产有着十分深远的教育意义，至今仍对当代人的生产、生活起着十分重要的指导作用。因此即使有形的工业物质遗产已遭到损毁或湮灭，寄以"场所精神"的营造同样能延续工业遗产的价值。

二、功利价值

工业遗产的功利价值依附于其基础价值，功利价值能更直接地创造效益，而且能有效地开发利用。本节将从经济价值、景观价值、区位价值、生态价值四个方面对工业遗产的功利价值进行分析阐述。

（一）经济价值

《下塔吉尔宪章》中提出："改造和使用工业建筑应该避免浪费资源，强调可持续发展，在曾经的产业衰败或者衰退的经济转型过程中，工业遗产能够发挥重要作用。"由此可见，工业遗产具有重要的经济价值，通过对工业遗产合理的改造、开发、再利用，不仅可以节约资金，避免资源浪费，而且还可以带动区域发展，加快产业结构调整。

由于工业生产对场地和设备的特殊要求，工业建筑物、构筑物结构一般相对坚固，具有很长的使用年限。为了满足生产需要，工业建筑一般都具有跨度大、空间大、层高高的特点，具有十分灵活的改造利用空间。空间重构和功能置换，可以使原本符合工业生产活动的空间转变成符合其他用途的功能需求，发挥工业遗产的再利用价值，从而创造经济价值。这种改造再利用的方式，可以极大地节约拆迁及建设成本，而且建设周期较短，能有效避免资源浪费。同时合理的功能置换还可以为经济衰退的地区提供新的经济动力核心，保持地区活力，稳定提供就业机会。德国鲁尔奥伯豪森在有色金属矿加工工厂废弃地原址上，新建了一个集购物中心、工业博物馆、儿童游乐园、多媒体影视体验等多种功能为一体的综合购物空间。澳大利亚对衰落破败的悉尼达令港进行改造利用，使其成为集旅游、购物、庆典活动为一体的综合购物区。国内的北京、上海等将工业遗产改造为文化创意园区。这些都是工业遗产成功利用的典型，体现了工业遗产巨大的经济价值。实践证明对工业遗产合理的改造和利用的确能创造巨大的经济价值。如北京789艺术区，据统计，截至2017年12月底有近500家文化艺术机构入驻，其中243家为画廊机构，还有126个设计类公司，每年的艺术展览活动超过2000场[①]。目前不仅艺术创作展示相关的产业汇聚在此地，还有相应的餐饮业、商店等，产生了产业集聚效应，形成一个综合商业圈，产业链已经逐步完善。同时这里的经济社会活动呈现出最简单、最自然的周边式扩散方式，商业、旅游业的发展也带动了周边地区的消费，对周边地区的发展有极强的辐射作用。

除此之外，深入挖掘存在于工业遗产中的物质形态与非物质形态遗产，充分利用工业遗产中的文化价值开展旅游、参观、纪念等业态，同样可以带来巨大的经济效益，促进地区经济发展，这是工业遗产经济价值的另一种体现。

（二）景观价值

工业遗产地段的环境改造设计中，充分利用原有建筑及景观的特征，结合现有的社会形态及环境特征对其进行新的改造和更新，大到遗迹公园，小到景观小品，工业遗产在景观方面都有着十分丰富的开发资源以及无限的开发潜力，从而形成区别于他处的具有独特历史韵味的个性新场所。场地上具有历史价值的、代表工厂时代特征和文化个性的工业构件，是城市工业遗产景观设计的重要部分。建构筑物、生产设施等都可以成为人们对工业时代凭吊或者怀念的场所。而巨大水塔、烟囱等工业设施也可改作工业时代人们劳动精神的纪念碑。通过景观元素的尺度调整、色彩搭配、材质组合，通过对景观场景的布置、景观欣赏线路的安

---

① 董晓靖、张纯、崔潇辰：《创意文化背景下的传统工业园区转型与再生研究——以美国北卡烟草园和北京798园区为例》，《北京规划建设》，2018年第1期，第126页。

排等，为城市提供十分重要的景观价值。同时在老城区更新的实践中，由于土地资源有限及开发成本较高等问题，利用工业遗产地的景观价值进行公园化改造实践，也是城市"见缝插绿"的最经济办法。工业遗产的景观价值对提升空间品质、城市品位有着十分重要的意义。

韩国汉江仙游岛公园（Seonyudo Park）利用净水厂原有的空间，建造了一系列具有象征意义的主题庭园。通过对工厂的结构的重新阐释，表达了对工业地段和汉江历史的尊重。公园最大限度地利用原水厂的空间、设施、设备，通过细致的设计施工，对于原木、红砖、混凝土、钢板不同材料的对比使用，展现了东方园林特有的细腻和对使用者的关怀。公园的景观设计体现了强烈的环境保护意识和对场所历史的尊重和延续。2008年获联合国人居环境奖的沈阳铁西区的景观复兴、广州中山岐江公园、南京的创意东八区、厦门铁路文化公园（见图3-4）等，都是工业遗产改造与城市景观建造结合的成功案例。

图3-4 厦门铁路公园

图片来源：作者自摄

（三）区位价值

发达的工业促使城市化进程加快，到了后工业时期，城市需要对产业结构进行调整，工业遗产是城市产业结构调整的产物。产业结构调整对城市产业布局和城市发展格局的改变影响深远。对于国内一些城市，早期的工业大都集中在城市中心区，工业遗产的区位优势本来就很明显。另一些城市则因为迅速扩张，使原来位于城市近郊或远郊，有的甚至靠近农业区的工业遗产所处地段变为新的城市中心区，周边区块在城市更新中功能转换成商业、文化、居住，进而引发工业遗产地区位条件的变化。城市中心工业遗产所在地的土地价值飙升，区位价值凸显。良好的区位价值意味着工业遗产有较好的城市基础设施配套，区位价值对其他功利价值有着重要影响甚至决定性的作用。位于城市中心区域的工业遗产，一般拥有良好完善的交通基础设施、完整的商业配套设施。交通设施完善表明通达性高，商业设施完善意味着便利性高，可以满足工业遗产的改造利用条件。区位价值高的工业遗产易于与其他旅游项目相结合、相关联，作用与反作用于城市旅游体系。在改造中它与区域功能、空间的相互渗透、交织、融合，成为城市或地区其他功能的重要补充。

（四）生态价值

工业遗产合理的改造与利用比拆除、重建具有更多的生态价值。工业遗产一般都具有一定的规模和体量，大量的工业建筑拆除必然伴随着大量能源的消耗与二氧化碳的排出，拆除建筑时也伴随着大量的粉尘和不可降解的废物，对周边环境会造成严重污染，极大影响周边居民的生活、居住环境。另外，具有多重价值的工业遗产变为建筑垃圾，又要消耗不少资源来进行处理，增加环境的负担，对自然生态造成破坏。较之于完全新建，对工业遗产建筑改造再利用可以省去主体结构及部分可用基础设施所花的资金。在工业遗产改造实践中我们也看到，废弃物等可加工成雕塑，钢板熔化后铸造成其他设施，砖、石头磨碎后可当作混凝土骨料，资源有效再利用也是对生态的保护。

由于长时间稳定存在的缘故，工业遗产周边自然生态必然处于一个相对和谐的状态，大规模的拆除建设对周边自然生物无疑是一场生态浩劫。无论是对保护价值相对较小的一般绿化植物还是对有重要保护价值的古树名木来说，动荡的生态环境都很难给它们创造一个基本的存活条件。从这个角度考虑，保护工业遗产对周边生态环境也有十分重要的作用。

第三节　工业遗产价值评价

一、工业遗产价值评价的意义

价值认识的基本途径是评价，人的目光具有赋予事物以价值的魅力①。价值评价是国际国内在众多行业工作中的实施一项管理措施，评价的目的是要揭示主体与客体之间的价值关系，在观念中建构价值世界。在对工业遗产进行保护与利用的过程中，对其价值进行科学评价是必不可少的重要环节，保护工业遗产的动机在于认定工业产生和发展的共通性价值。通过工业遗产的价值评价，可以深入揭示其价值表征，对推动人们认识工业社会的发端和进步、研究工业活动历史的发展演绎过程均具有重要意义。通过对工业遗产价值评价，吸引社会更多地关注工业遗产，发掘工业文明的丰厚底蕴，为人类社会留下宝贵的物质和精神财富。工业遗产价值的科学评定，其实就是认清"保护什么""为什么

---

① 维特根斯坦：《文化与价值》，清华大学出版社，1987年，第2页。

要保护"以及"利用什么""如何利用"。建立合理的价值评价体系，对工业遗产的保护利用有着至关重要的基础作用。

（一）工业遗产评价有助于对工业遗产对象的确定

随着城市化步伐的逐步加快，拥有工业遗产资源的城市都普遍存在工业遗产拆与保、遗弃与利用之间的争论和交锋。被列为文化遗产受法律保护的工业遗产项目仅占应纳入保护内容中的很小一部分。为了避免在对工业遗产进行保护利用的过程中，出现对工业遗产价值的认识不足，同时也避免"矫枉过正"，盲目抬高工业遗产的各种价值，陷入追求工业遗产的经济价值的误区，对工业遗产价值进行科学全面的评价，找准工业遗产保护与利用的对象具有重大的意义。

（二）工业遗产价值评价有助于对工业遗产的价值程度的预测和判断

围绕人的需求对还未形成的客体评价其价值的功能，在评价过程中对多个具有价值的客体经过判断，确定其中价值高低的顺序，也称为价值序列或价值程度判断。工业遗产价值可以通过评价活动，对工业遗产的价值做出预测和判断，在有需要的情况下，还可将评价结果公布于众，听取社会公众对结果的反应，以此获得反馈信息来提高对工业遗产价值程度的预测准确性。

（三）工业遗产价值评价有助于引导大众支持参与工业遗产保护与利用

通过对工业遗产价值的评价，将工业遗产对人的各个层次的作用全面展示。评价活动最大的功能就是评价者通过评价表达欲对他人的行为产生影响，诱导或者引导他人按照评价表达的目的而行动[1]。这是评价表达中最为常见的功能。

---

[1] 冯平：《评价论》，东方出版社，1995年，第229页。

可以通过法律法规以及政策的出台、大众媒体的宣传等方式体现工业遗产价值评价的结果，将对工业遗产保护与利用的主张、观点、态度、举措等传递给社会，引领多层面的社会群体关注和参与工业遗产保护与利用。

二、工业遗产价值评价原则

工业遗产是城市宝贵的物质和精神财富，因其不可复制性与不可再生性，其评价需要基于适用的原则、保持谨慎的态度。

（一）整体性原则

评价城市工业遗产，不仅要考虑工业遗产自身的价值，还应从整体上考虑工业遗产对周边建筑、所在地段乃至城市的影响，要从城市整体发展的角度进行评价。

（二）代表性原则

工业遗产应是在一个时期、一个领域、一个行业领先发展、具有较高水平、富有特色的典型代表。既要注重工业遗产的广泛性，避免因为认识不足而导致工业遗产消失，又要注重工业遗产的代表性，避免由于界定过于宽泛而失去保护重点，要保证把最具典型意义、最有价值的工业遗产资源保留下来。

（三）全面性原则

工业遗产既包括物质形态的遗产，也包括非物质形态的遗产。中国古代历史上广义的工业遗产有着丰富的资源，包括酿酒、水利、工程、冶炼、陶瓷、纺织等，多存在于传统手工艺的方面，应当纳入评价范畴。发展脉络、产业文化、价值观念、工艺流程等非物质形态的保护也应受到同等的重视。

（四）科学性原则

评价必须科学客观地反映我国城市工业遗产的最本质的特征，概念清晰，避免重复。

（五）原真性原则

原真性原则是国际上定义、评估历史文化遗产的一项基本原则。工业遗产也是历史文化遗产的一个类型，因此必须将工业遗产的历史信息真实地保留下去，传递给后代。

三、工业遗产价值评价过程

评价活动的心理运作过程是：确立评价的目的和评价的参照系统→获取评价信息→形成价值判断。在工业遗产价值评价的过程中，需要考虑以下几个重点：一是确立以价值为导向的评价方法学，通过建构"价值认定、价值评价、价值实现"[①]，并将其贯穿到工业遗产保护与利用的全过程，最终将价值评价的结果引入国家和地方层面的工业遗产保护与利用的决策机制。二是工业遗产保护与利用是一个长期、动态的过程，在关注其基础价值的同时，更要体现出工业遗产在城市发展中的功利价值。三是要重视公众的参与，城市工业遗产是城市市民共同的物质和精神财富，价值评价工作不仅需要业内专家的专业视角，更需要城市市民的关注和参与。

工业遗产价值评价过程如下：

——确定评价主体和评价客体：工业遗产价值的评价主体是使用者、业主、公众和城市管理者，工业遗产价值的评价客体是待保护利用的工业遗产。

——归纳整理相关数据，对该遗产的独特性、稀缺性、可利用性等特征做描述，对其基础性价值和功利性价值做阐述。

——对各价值指标按照一定的评价标准进行量化，进行工业遗产价值评价与分析。

---

① 邱均平、文庭孝：《评价学理论方法实践》，科学出版社，2010年，第7页。

——初期评价结果向专家、业主、城市管理者、公众公布，征求意见。

——获取评价结果反馈结果，进行反复论证，重新整合分析价值评价。

——确定工业遗产保护利用的具体策略。

四、工业遗产价值评价体系框架

我国的基本国情与西方发达国家不尽相同，《下塔吉尔宪章》的概念界定还不能够完全涵盖我国城市工业遗产的价值内涵。而工业遗产与文化遗产也不尽相同，因此要根据国情和工业遗产的特征，选取科学的指标，准确、全面反映我国工业遗产的价值内涵。指标体系只有能完整、系统、有效地反映被评价对象的状况，才是一个科学的体系。坚实的理论基础决定指标体系的科学性，关键指标选择决定指标体系的准确性，数据来源的权威性和可获得性决定指标体系的可比性，科学的指标体系研究方法决定指标体系的完整性①。本书只提出物质形态的工业遗产价值评价体系的框架，暂不对评价体系做进一步的研究。

通过对国内已有的工业遗产价值评价体系的比较研究，本书试图通过基础性价值和功利性价值两大一级指标入手，构建三级指标构建工业遗产价值评价体系框架（见图3-5、表3-1）。

---

① 胡攀、张凤琦：《从国内外文化发展指数看中国文化发展指数体系的构建》，《中华文化论》，2014年第7期，第8～9页。

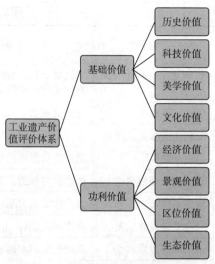

图 3-5 **工业遗产价值评价体系框架**

资料来源：作者自制

表 3-1 **工业遗产价值评价指标构成**

一级指标	二级指标	三级指标	三级指标内涵
基础价值	历史价值	历史年代	工业遗产年代
		历史主题	与历史事件或者历史名人的关联度
		历史地位	是否具有开创性或者在行业的地位
	科技价值	工艺先进性	工艺先进性或者开创性
		材料结构先进性	建筑材料或者建筑结构先进性
		名优产品数量	产品代表当时的先进技术
	美学价值	建筑流派	造型、风格依旧与流派的关联度
		建筑设计师级别	建筑设计师的学术地位
		建筑风貌	审美价值表现度
	文化价值	工业文化精神	是否形成企业、行业和民族精神
		城市特色表现度	对城市形象的贡献度

一级指标	二级指标	三级指标	三级指标内涵
功利价值	经济价值	空间改造再利用的潜力	建筑物空间、结构等满足其他功能使用的改造潜力
		建筑完好程度	建筑的现状
		可利用的未建设用地	项目及周边可利用的未建设用地
	景观价值	景观个性度	遗产本身景观的个性度
		与周边景观协调度	改造后与周边景观的协调度
	区位价值	区位条件	遗产所处城市地段
		周边基础设施状况	周边配套设施
		周边经济发展水平	遗产所处城市地段经济水平
	生态价值	自然环境	山体水休植被
		人文环境	周边古迹民俗风情等
		环保测评指数	对环境的破坏及影响

资料来源：作者自制

通过三级网络建立针对工业遗产的层次评价体系结构：第一层指标为评价总结果目标，分为基础价值和功利价值。第二层是主要目标的指标层，分别为代表基础价值的历史价值、科技价值、美学价值、文化价值和代表功利价值的经济价值、景观价值、区位价值和生态价值。第三层为针对8个主要目标细化的可评述的子目标层即子指标，每个子指标是一个可以用明确语言描述的、方便评价的分项评测因素。

对于非物质形态的工业遗产评估，不适用于上述框架。本书参照非物质文化遗产的价值评估体系，对非物质形态的工业遗产框架做如下探索（见图3-6、表3-2）。

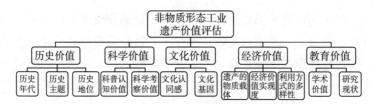

图 3-6 非物质形态的工业遗产评估框架

资料来源：作者自制

表 3-2 非物质工业遗产价值评价指标构成

一级指标	二级指标	二级指标内涵
历史价值	历史年代	工业遗产年代
	历史主题	与历史事件或者历史名人的关联度
	历史地位	是否具有开创性或者在行业的地位
科学价值	科普认知价值	科学知识和方法的丰富度
	科学考察价值	科学价值的典型性、特殊性和原创性
文化价值	文化认同感	文化情感认同、感染力
	文化基因	文化基因和独特品质
经济价值	遗产的物质载体	非物质遗产现有和未来可行性的物质载体
	经济价值实现度	已产生的经济收入、可开发的经济潜力
	利用方式的多样性	经济开发利用方式的多样性
教育价值	学术价值	在学术界的研究意义
	研究现状	学术界研究现状

资料来源：作者自制

　　通过两级网络建立针对非物质形态的工业遗产的层次评价体系结构：第一层指标为 5 个评价主要目标的指标层，分别为代表历史价值、科学价值、文化价值、经济价值和教育价值。第二层为针对 5 个主要目标细化的可评述的子目标层即子指标，每个子指标是一个可以用明确语言描述的、方便评价的分项评测因素。

　　鉴于工业遗产的复杂性，上述两个价值评价体系框架的提出只是一种尝试，并不具有唯一性。工业遗产的价值评价是工业遗产保护与利用的重要步骤之一，针对不同的工业遗产，在进行价值评定时应具体情况具体分析，力求使工业遗产价值评价的结果展示出最高的真实性和客观性。

第四章　国内外工业遗产保护与
利用实践探索和启示

　　目前，国际社会对于工业遗产保护逐渐形成良好氛围，工业遗产的保护与利用在国际上已获得共识。越来越多的国家开始重视保护工业遗产，在制定保护规划的基础上，通过合理利用使工业遗产得以最大限度的保存和再现，增强公众对工业遗产的认识。工业遗产的保护与利用在推动地区产业转型，积极整治环境，重塑地区竞争力和吸引力，带动社会经济复苏等方面获得了不少成功的经验。国内如上海、北京、广州、武汉、成都、杭州等城市经过十余年的探索，在探索工业遗产开发保护模式中提供了许多的经典案例，工业遗产的保护与利用在带动城市产业转型升级、推动城市文化传播、重塑城市形象、提升城市品质方面取得了较大的成效。分析国内外工业遗产保护与利用的成功案例，总结经验教训，对于新时代背景下重庆工业遗产的保护与利用具有重要的借鉴意义。

第一节　国外工业遗产保护与利用

一、德国鲁尔区工业遗产区创意转型：从煤炭中心到文化之都

（一）鲁尔区工业遗产保护与利用兴起的背景

鲁尔工业区位于德国西部，形成于 19 世纪中叶，是德国以及世界重要的重工业区和最大的工业区之一，也是欧洲最古老的城镇积聚区，形成了多特蒙德（Dortmund）、埃森（Essen）、杜伊斯堡（Duisburg）等著名的工业城市。鲁尔区曾是德国的煤炭与钢铁之都，以采煤、钢铁、化学、机械制造等重工业为核心，工业产值曾占全国的 40%，被称为"德国工业的心脏"。在长期工业衰退和逆工业化过程的背景下，20 世纪 50 年代末到 60 年代初开始，大批煤矿和钢铁企业的关闭导致了鲁尔工业区社会经济出现全面衰落。70 年代后，逆工业化过程的趋势已十分明显。到 80 年代末期，鲁尔区面临着严重的失业问题，1987 年鲁尔区创 15.1% 的最高失业率纪录，大大超过 8.1% 的全国平均失业率[①]。严重的失业问题导致年轻劳动力的外迁、区域内人口下降，大批企业的倒闭导致城市税收减少、内城衰落、城市中心地位消失，严重的环境污染导致区域形象恶化，众多的社会问题引发了人们对城市转型的思考。20 世纪 80—90 年代，人们开始探索将工业旧址和废弃的厂房等当作文化遗产，并与旅游业结合起来打造工业遗产旅游。经历了漫长的时间，通过多年不断地调整

---

① Kommunalverband Ruhrgebiet. The Ruhrgebiet：facts and figures，Woeste Druck，Essen-Keittwig，2001.

与改造，如今鲁尔工业区已从没落的工业区转型为"欧洲文化首都"。历经数个阶段改造的鲁尔区"脱胎换骨浴火重生"，完成了由重工业城市向开放的现代化城市的华丽转身，鲁尔区已经成为国际知名的资源型城市成功改造转型的经典案例。

（二）鲁尔区工业遗产保护与利用的模式

德国鲁尔区的工业遗产保护与利用采用区域综合保护开发的模式，其模式最大的优势在于区域内各工业遗产项目得以均衡发展，并形成项目之间的联动效应。工业遗产保护与利用早期的成功模式是打造工业遗产旅游业。1998 年，鲁尔区区域规划制定机构将本区内工业遗产旅游景点整合为著名的"工业遗产旅游之路"，德文为 Route Industriekultur（简称 RI），英文为 Industrial Heritage Trial。RI 覆盖整个鲁尔区，贯穿区内全部工业遗产地，将区域内的工业娱乐、购物旅游、世界遗产文化、钢铁景观集合在一线。该路线包含 19 个工业遗产旅游景点、6 个国家级的工业技术和社会史博物馆、12 个典型的工业聚落，以及 9 个利用废弃的工业设施改造而成的瞭望塔[①]。此外，还规划设计了覆盖整个鲁尔区、包含 500 个地点的 25 条专题游线，涵盖全部改造项目的环形路线大约 400 公里长。这种区域一体化的开发模式，使鲁尔区至少在工业遗产旅游发展方面，树立了一个统一的区域形象，这个形象对区内各城市间的相互协作以及对外宣传，具有重要的作用。

在工业遗产旅游业取得空前成功后，鲁尔区又通过"文化创意产业＋工业遗产"的方式来替代那些在全球化和技术改革中被淘汰的工业产业。在过去的 10 年中，鲁尔区的工业建筑如钢铁厂、生产基地、煤矿建筑物被改造成为各种文化活动的场所。波

---

① Kommunalverband Ruhrgebiet. Touring the Ruhr: Industiral heritage trail, Duisberg, 2001.

鸿的世纪会堂（Jahrhunderthalle）曾是德国军火制造商克虏伯（Krupp）第二次世界大战期间生产武器的地方，现在已经成为波鸿交响乐团的驻地；在杜伊斯堡，一个熔炉工厂被改造为露天演出场地，另一座工业建筑被改造为表演现代戏剧的剧院；多特蒙德市的 Dortmunder Union 酿酒厂被打造成一个附属于柏林国家美术馆的艺术博物馆。其他的许多传统工业基地，被改造成音乐演奏舞台、雕塑和大地艺术的演示场所，或者为当地和地区性团体的各种文化和娱乐活动提供表演空间[①]。新建设施也紧紧围绕工业文化主题，如 1994 年建成的位于一个巨大废弃矿山顶部的钢结构观景塔 Tetrahedron（四面体）（见图 4－1），现已成为鲁尔区煤矿矿业中心 Bottro（博特朗普）市的地标。截至 2017 年，该地区已拥有 200 座博物馆、120 家剧院、250 个文化街以及 100 座音乐厅等[②]。鲁尔区正在文化领域上向欧洲其他城市群地区逐步靠近。

---

① 拉尔夫·埃伯特、弗里德里希·纳德、克劳兹·R. 昆斯曼：《德国鲁尔区的漂亮转身：煤钢产业变文化创意产业》，《钢铁文化》，2016 年第 6 期，第 33 页。
② 橘子：《德国鲁尔工业遗产区的创意转型》，《中国文化报》，2017 年 10 月 14 日，第 2 版。

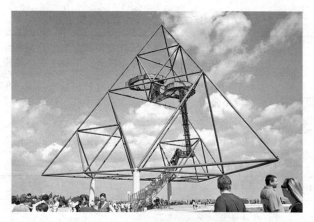

图4-1 鲁尔区煤渣山四面体

图片来源：https://pixabay.com/zh/photos/％E5％9B％9B％E9％
9D％A2％E4％BD％93-％E9％87％91％E5％AD％97％E5％A1％94-％
E9％B2％81％E5％B0％94％E5％8C％BA-％E9％9B％95％E5％A1％91
-1168478/

　　同时鲁尔区对区域内各城市根据其工业遗产的不同特征的现状实行差异化发展，对城市利用工业遗产有清晰的定位。埃森改造定位为文化遗产区，杜伊斯堡为休闲娱乐区，奥伯豪森为工业娱乐区，波鸿为节庆中心区，多德蒙德为高新科技区，杜塞尔多夫为音乐及新媒体区（见表4-1)[1]。

────────────

① 刘嘉娜：《提高工业遗产改造项目的公众参与性——德国鲁尔区的实践经验》，《环渤海经济瞭望》，2017年第12期，第34页。

表 4-1　鲁尔区工业遗产保护与利用模式分析

模式	博物馆模式、景观公园开发模式、购物旅游相结合的开发模式、会展旅游开发模式、工业主题小镇模式
典型代表	亨利钢铁厂、措伦采煤厂、北杜伊斯堡景观公园、北极星公园、奥伯豪森购物旅游中心、杜塞尔多夫会展展览、Herne 矿工小镇
业态	旅游业、会展业、博览业、文化休闲业、文化创意业
保护与利用主体	各州政府
游客资源	国内外游客

资料来源：作者自制

（三）工业遗产保护与利用典型案例

1. 博物馆展示留存工业记忆

亨利钢铁厂（Henrichshuette）建于 1854 年，1987 年倒闭关门。1989 年亨利钢铁厂改建成露天生态博物馆。该博物馆有两大特色：一是面向儿童设计了在废弃的工业设施中开展各种活动的游戏故事，从而大大吸引了亲子家庭旅游者；二是导游人员由原厂工人志愿者承担，活化了旅游区的真实感和历史感，同时也激发了社区参与感和认同感，使整个旅游区具有一种"生态博物馆"的氛围。

位于埃森的关税同盟改造项目，厂房、仓库、机器、设备都在原址上静静地矗立，工业和建筑的历史真实地展现公众面前，向公众直观呈现工业文明的历史古迹。在红点（Red Dot）设计博物馆里，来自世界各地的大约 2000 件产品在超过 4000 平方米的场地里展出。通过对典型的包豪斯建筑风格的工业遗产建筑的巧妙改造，博物馆尝试把写字楼、工作室、设计室搬进博物馆内。坐落于 A 区的众多艺术家工作室设置有让游客参与互动的体验项目，有关税同盟文化创意产品出售。位于关税同盟矿区的鲁尔博物馆展示着区域性的自然和文化历史，还会不定期地举办专题活动。2015 年曾举办过大型活动"即将成为鲁尔区"以及历史性和矿物学收藏品展示活动等。

2. 文化休闲旅游模式

北杜伊斯堡景观公园（Landschaftspark Duisburg-Nord）位于杜伊斯堡（Duisburg）（见图 4-2），原为著名的蒂森（Thyssen）钢铁公司所在地，是一个集采煤、炼焦、钢铁于一身的大型工业基地，于 1985 年停产。其于 1991 年开始进行改造，1994 年正式对外开放。该公园面积约 2.3 平方公里，是一个集观光、游憩、娱乐于一体的大型工业景观公园。设计师最大限度地保留了工业旧址的原有风貌，人们可以漫步在绿色海洋里，小憩在废弃铁轨上，信步登上高高的煤井架。在工业建筑部分，原有的工业厂房被有计划地进行改建。游客可以在巨大的高炉和料仓之间步行，该处炼焦厂原来的料仓被改建为攀岩设施，原来用来堆放铁矿砂的混凝土料场改建为儿童游戏场，原来的冷却池经过景观恢复成为清澈的水面。一些仓库和厂房被改造成舞厅和音乐厅，锅炉房被改建为餐厅。这项景观设计的意图是以大型的工业设备为依托，为游客营造独特的体现后工业景观文化的空间环境。2014年，一直关闭的 5 号高炉和炉渣清理装置对外开放，在不远的魔幻山上有名为《老虎与龟》的巨型不锈钢摩天轮雕塑供游客攀爬体验，提升了景观公园的游客参与度。

图 4-2　北杜伊斯堡景观公园

图片来源：https://pixabay.com/zh/％E6％9D％9C％E4％BC％8A％
E6％96％AF％E5％A0％A1－％E5％B7％A5％E4％B8％9A％E5％9B％
AD－％E8％A1％8C％E4％B8％9A－％E6％99％AF％E8％A7％82％E5％
85％AC％E5％9B％AD－％E9％B2％81％E5％B0％94％E5％8C％BA－％
E5％B7％A5％E5％8E％82－％E9％87％8D％E5％B7％A5％E4％B8％9A
－％E9％AB％98％E7％82％89％E7％82％89－2395850/

位于盖尔森基兴（Gelsenkirchen）的北极星公园（Nordstern
Park）也属于一种大型公共游憩空间的开发模式，公园入口处高
高的煤井架表明了这个公园建立在一个煤矿废弃地上。该地视野
开阔，经常举办各种大型的户外活动。该地与著名的埃姆舍尔河
（Emscher）连为一体，这条河曾经是鲁尔工业区污染最严重的
主要排污河，经过对污染的治理和对滨水区的改造，这个游憩空
间充满了独特的吸引力。

3. 购物旅游相结合的综合开发模式

该模式的典型代表是位于奥伯豪森的中心购物区。作为工业
城市，奥伯豪森成功地将购物旅游与工业遗产旅游结合起来。它
在工厂废弃地上依据摩尔购物区（Shopping mall）的概念，新
建了一个大型的购物中心，同时开辟了一个工业博物馆，并就地

保留了一个高 117 米、直径达 67 米的巨型储气罐。这一煤气储气罐已经成为德国工业景观地标式改造的典范。奥博豪森的煤气储气罐中心并不是一个单纯的购物场所，还配套建有咖啡馆、酒吧和美食文化街、儿童游乐园、网球和体育中心、多媒体和影视娱乐中心，以及由废弃矿坑改造的人工湖等，而储气罐不仅成为这个地方的标志，而且也成为一个可以举办各种别开生面的展览的实践场所。

二、英国谢菲尔德市城市文化复兴：由工业型经济向服务型经济成功转型

（一）谢菲尔德工业遗产保护与利用兴起的背景

谢菲尔德是英国第四大城市，18 世纪时煤炭工业是城市主要的支柱产业，随后发展成为以钢铁等重工业为核心产业的工业集聚地，是 200 年前工业革命的中心以及世界重要的钢铁城市，传统冶铁、炼钢和钢制品技术大多起源于此。到 20 世纪 70 年代，谢菲尔德市的钢铁制造业和重工业发展历史已超过百年。受世界经济影响，钢铁业的衰落也使谢菲尔德市开始失去在产业上的优势。从 1971 年到 1986 年仅 15 年时间，城市中有半数以上的劳动力失业，老城逐渐没落，区域内出现了大量矿山、厂房、工业建筑、机器设备等废弃荒芜的工业遗存。老城被废弃厂房和破败社区所包围，环境质量下降，与此同时失业率直线上升，各种社会问题开始集中爆发。

20 世纪 70 年代中期，《英国大都市计划》提出"城市复兴"（Urban Regeneration）概念，用全面及融汇的观点来解决城市问题，寻求一个地区在经济、社会及自然环境条件上持续改善的方法。复兴计划在不同社会领域内展开，其策略和方式呈现出多

样化的特点。文化被普遍认为是都市复兴的"催化剂和引擎"①。欧洲委员会于 1998 年通过的《欧盟可持续城市发展：行动框架》中，明确提出文化遗产是城市文化的重要内容之一。在这个大背景下，城市管理者敏锐地意识到工业文明时代积淀下来的城市文化和工业遗产，是谢菲尔德在都市更新计划中重要的可以依托的物质资源和精神资源。

（二）谢菲尔德工业遗产保护与利用的具体举措

1. 改造工业遗产建筑，变更使用功能

尊重已有的历史条件，在保护体现工业景观特色的建筑及建筑群的前提下，以建筑遗产再利用为核心，避免大拆大建，将工业遗产中的历史景观要素有选择地保留下来，尽量和谐融入新的景观系统中。在保存其外观的前提下，赋予其居住功能。对其内部结构加以改造，变更空间格局和增添现代化的居住设施，工业建筑被改造为充满生活气息的居住建筑，居民的入住对街区的活力产生了积极作用。一部分工业建筑经过改造后，被作为写字楼、咖啡厅、餐厅使用，推动了服务业发展，拉动了公众的消费。

2. 新旧景观巧妙融合，彰显城市特质

城市管理者力图在保护历史信息的基础上对工业遗产进行有效开发再利用，在尽可能保留建筑环境的空间特征下和周边城市新景观进行协调融合。注重新建住宅建筑与工业建筑改造住宅景观的协调性，使用历史元素、工业文化元素增加空间的场所感。谢城（Shea）广场的"利刃"雕塑、城堡广场（Castle Square）公交站旁的石墙上的钢铁工人拼贴等景观，既表达了对这座工业

---

① 于立、张康生：《以文化为导向的城市复兴策略》，《国外城市规划》，2007年第 4 期，第 21~24 页。

城市过去辉煌历史的追忆，也体现出城市特有的一份自尊与自信，彰显了城市与众不同的特质。

3. 博物馆展示留存工业记忆

利用博物馆展示留存工业记忆也是一种常见的方式。谢菲尔德利用凯勒姆岛上一座废弃的发电站将其改造为博物馆，即凯勒姆岛工业博物馆（KelhamIsand Industrial Museum）[①]。凯勒姆岛是人造岛，工业革命时期是谢菲尔德主要的钢铁厂区。博物馆利用过去的旧厂房和保留下来的设备、机器向公众展示了谢菲尔德市的钢铁制造业和传统工艺等相关内容，诠释了工业革命时期的谢菲尔德，以及历经维多利亚时代和两次世界大战到今天的成长历程。

4. 传统工业区转型为创意文化园区

20 世纪 70 年代晚期，谢菲尔德诞生了一批先锋乐队化产业，租金低廉的废弃空置的厂房成为他们的创作基地，这种自发的行为是创意文化产业在谢菲尔德的萌芽。他们的入驻不仅改变了当地的经济和文化生态，也为地区带来了活力。政府很快注意到这种现象并且出台政策加以扶持，鼓励合理使用工业遗产，将文化、创意和经济融合发展。工业遗产带有历史印记，易于改造，可识别高，具有一定的文化意义及建筑审美价值，对创意产业有很大的吸引力。谢城火车站（见图 4-3）对面的文化创意产业区（CulturaIndustries Quarter，CIQ）集聚了数百家组织和小型企业，从事音乐、电影、新媒体、设计及传统工艺创作活动，产业园区已形成了合理的分工合作体系[②]。从传统工业区到

---

① 吕建昌：《近现代工业遗产博物馆的特点与内涵》，《东南文化》，2012 年第 1 期，第 113~117 页。

② 刘洁、戴秋思、张兴国：《城市工业遗产保护策略研究——以英国谢菲尔德市城市文化复兴计划为例》，《新建筑》，2014 年第 1 期，第 82~85 页。

创意产业园区的转变是历史工业建筑获得新生的方式。如今谢菲尔德已逐步发展成一个融合传统文化与现代数字技术、生产型服务业和消费型服务业的文化产业。

图 4—3　谢菲尔德火车站

资料来源：https://pixabay.com/zh/photos/?q=％E8％B0％A2％E8％8F％B2％E5％B0％94％E5％BE％B7％E7％81％AB％E8％BD％A6％E7％AB％99&hp=&image_type=all&order=&cat=None&min_width=&min_height=

（三）工业遗产保护与利用对谢菲尔德城市复兴起着重大作用

谢菲尔德的实践证明，在以文化为引导的城市复兴中，工业遗产具有持续、强大的动力作用。通过重点工业建筑遗产的适应性再利用、空间环境品质的改善、景观生态恢复等综合措施，对城市废弃工业建筑遗产与景观遗产进行保护与改造，最终达成保存历史传统、强化城市文化特征、提高老工业区经济活力、增强场所的社会生活含义等多目标的共赢，同时也为城市管理者有效协调城市经济、社会和文化的整体可持续性开辟了新的发展空间。

通过合理地利用工业遗产资源，以遗产形态丰富城市空间，同时将其转化成地区复兴的持续动力，促进地区的文化生态发展，最终找到工业文化与城市经济发展的平衡点。

经过长期、持续大规模的工业遗产再利用，谢菲尔德由工业型经济向服务型经济成功转型，城市集工作、休闲和居住于一体，经济和社会重新显示出强大活力。

三、法国工业遗产保护与利用：现实与历史的对话

（一）法国工业遗产保护与利用的兴起与发展

法国是欧洲重要的国家之一，由于法国工业进程较其他欧洲国家晚，因此工业遗产保护与利用有其自身特点，不同于英国、德国等其他欧洲国家。从法国早期的产业结构来看，轻工业和手工业占比较大，企业规模也以中小企业为主，大型企业为辅。国内众多成片成规模的大型重工业遗址区较少，城市建成区也没有大量集中的工业遗址。法国重工业区主要分布在北部的巴黎盆地和地中海沿岸，如洛林铁矿和里尔煤矿间的钢铁工业区，福斯－马赛工业区；轻工业区主要分布在内陆地区；而港口区则出现在沿海、沿河区域。

1983 年法国成立了隶属于文化部文化遗产普查局的工业遗产普查处，开始对工业遗产进行全国范围内的专题普查工作。后由工业考古学信息联络促进委员会（CLIAC）负责开展国内以及国际间与工业遗产相关的实践工作。全国工业遗产普查工作从 1983 年开始，普查时间范围不仅包括了 18 世纪下半叶工业革命以来的工业遗存，也包含了前工业遗存和原始工业遗存；普查门类不仅涉及全国性的工业遗产，还涉及某一种类、某一地区、某一行业的专项研究。

1995 年 3 月由地方行政长官菲利普·洛瓦素提交的工业遗产政策报告中明确了法国工业遗产保护的四个基本标准：历史标

准、定量标准或者行业代表、名望标准、技术标准。标准注意了地域分布的均衡性，基本涵盖了工业遗产不同产业的不同分支①。截至 2015 年底列入《世界遗产名录》的世界工业遗产共计 72 项，法国共有 6 项工业遗产被列入世界文化遗产名录，约占世界的 8.3%②。其中包括工业景观 5 项：阿尔克－塞纳斯皇家盐场、北部加来海峡的采矿盆地、香槟区山坡葡萄园和酒庄与酒窖、勃艮第葡萄园风土、罗马加德输水桥。工业遗产廊道 1 项：米迪运河。

（二）法国工业遗产保护与利用的主要模式

1. 保留工业遗产，维持原有生产活动

与其他国家不同的是，法国一些手工业企业仍然处于生产状态，政府保留了其用地性质、建筑结构以及生产活动，引导企业家完成改造。最有名的案例是位于马恩省埃佩尔奈的卡斯特拉香槟酒厂，其主体建筑于 1889 年建造，建筑质量完好，美学价值令人称赞。由于其交通便利，毗邻巴黎通往斯特拉斯堡的铁路线，每年吸引了大量游客前往参观。酒厂在维持生产经营的同时，还向公众开放展览卡斯特拉酒窖历史和收集的酒样标签。

2. 改造工业遗产建筑实现功能置换再利用

在维持遗产外观美观有序的前提下，城郊大多数工业遗产通过功能置换来适应项目的不同需求。通过居民住房、写字楼、商场等功能转换完成地区整体转型。法国北部里尔的勒·布朗（LeBlan）老厂房，是一处自 20 世纪初分三个阶段建成的纺纱厂，里尔市政府买下该处房产，通过以"减租办公楼"的合理改

---

① 黄砂、于一凡：《法国和西班牙工业遗产保护实践比较研究初探》，《多元与包容：中国城市规划年会论文集（12. 城市文化）》，中国城市规划学会，2012 年。
② 崔卫华、王之禹、徐博：《世界工业遗产的空间分布特征与影响因素》，《经济地理》，2017 年第 6 期，第 201 页。

造将其变为一个多功能建筑，包括艺术家工作室、学生教室、带露台的公共活动空间、小企业与小作坊（提供手工业服务）、咖啡餐厅、办公室、儿童图书馆等。

3. 博物馆展示留存工业记忆

法国的一些博物馆更具有"博物馆群"或者"博物馆聚落"的概念。建于 20 世纪 80 年代的富尔米生态博物馆，由一个博物馆和坐落在本地标识性遗产周边的相关建筑网络构成，包括 1874 年的纺纱厂和 1823 年的玻璃厂、造纸厂、长老院以及 18—19 世纪的豪宅，是一个展示集体记忆、工业技术和工艺的生态博物馆群。

法国除了少量的重工业遗产，基本上是大量的轻工业遗产和手工业遗产。其中也有南特岛这样的将工业遗产保护与利用有机融入城市全面复兴的成功案例，但是因为重工业不多，成片的保护利用较少，更多的是对建筑的外壳的解读。

四、国外工业遗产保护与利用启示

（一）国外工业遗产保护与利用主要模式

工业遗产和其他文物古迹有所不同，厂房、机器和设备不是视觉上精美的东西，无法给人们带来视觉上的太多享受，因而难以按照原貌、原有功能保存下来。到目前为止，几乎所有的工业遗产都是通过再利用的方式保存下来的。德国鲁尔工业区工业遗产的再利用模式已成为典范，此外其他发达国家也有许多成功的案例。国外工业遗产保护再利用的方式大致有以下三种。

1. 全新用途的再利用

该模式是把原来的工业遗产再利用成为与其原先功能完全不同的场所。因为原来工业遗产所在的外部环境发生改变，从而需要挖掘一个新的功能，让它在新的环境中生存下去。例如，美国的德州圣安东尼美术馆，从前是一个酿酒厂。又如，位于泰晤士河南岸的英国泰德美术馆，也是几年前由一个火力发电厂改造而成的，现在与当地的艺术环境共存，带来了可观的旅游收入。再如，奥地利维也纳煤气厂有四个硕大无比的储气罐，第一个被改成了300间"总统套房"，第二个被改成了5A级智能商务楼，第三个被改成了大卖场，第四个被改成了娱乐中心。这四个煤气罐已经成为当地的旅游名胜。

2. 相关用途的再利用

该模式是把原来部分工业遗产形态保存下来，改造成相关用途的场所，即厂房和设施基本保持原样，保留一部分原有的功能作为展示，这种展示通常是极具历史意义和价值的。这类工业遗产仍然处在工业区的环境当中，与其原来的环境相差无几。例如作为世界遗产的波兰的威利奇卡盐矿，从中世纪至今盐矿还在开采，但开采量锐减。虽然盐矿还在运转，但其功能大部分转变为博物馆，靠游客带来丰厚的收入。除了可供参观游览外，盐矿的下面还有地下餐厅和教堂，同时售卖用盐制成的各种旅游纪念品等。又如德国鲁尔工业区亨利钢铁厂，被改造成了一个露天博物馆，可供儿童在废弃的工业设施中开展各种活动，对亲子家庭旅游者产生了不小的吸引力。

3. 公共游憩开敞空间的再利用

该模式通常是利用占地面积较大的厂房，因其周围的环境是住宅区，不容许高强度的利用，就将其改造为社区公园或者景观公园。例如，美国西雅图的瓦斯工厂，由于存在污染和安全问题，周围逐渐发展起来的住宅区迫使该厂不得不搬迁，从而留下了大量废弃厂房和污染的土地。当政府准备清除旧的厂房和污染的土地时，工人们却强烈要求保留下曾和他们朝夕相处的厂房。因此，一部分有趣的设施设备成为工业雕塑，还有一部分设施设备、厂房地基或框架结构等成为少年儿童游戏场地。同时政府严格处理被污染过的土地。

以上三种不同的模式，使旧有的工业厂房或设备与时代相结合，从而形成了既有文化价值又有经济价值的物质载体。

（二）国外工业遗产保护利用的成功经验

通过对国外一些国家工业遗产保护性再利用研究，发现其成功经验主要有如下几种：

一是政府对工业遗产保护利用的大力支持，这是全社会投入工业遗产保护利用的前提。比如法国，从组建机构、出台政策到资金的支持，全方位为工业遗产保护利用提供保障。以资金保障为例，法国采用国家主导、地方支持、民间补充的方式，每年有国家专项资金投入国家文化遗产的工业建筑遗产保护。对于所有权属于私人业主的工业建筑遗产，国家根据建筑的损坏情况和重要性承担一定比例的修缮费用。处于保护区内的工业遗产，房屋的维修和改作商业用途会享受国家政策优惠，如税收减免，政府可为遗产所有者修缮房屋提供低息贷款等。

二是多样化的具体开发模式，鲁尔区对工业遗产的开发利用模式是多种多样的，并且没有因为短期利益而放弃一些一次性投入多、见效慢的长效计划。

三是对重点工业遗产由政府和资产机构进行永久性规划和发展，为工业遗产保护与利用提供了制度保障。如德国鲁尔的"关税同盟"是埃森市历史上最重要的煤炭－焦化厂，1847年煤井开始运行，1986年12月煤井停产，1989年由省政府的资产收购机构（LEG）和埃森市政府共同组建成管理公司，永久性负责该地的规划与发展。1998年省政府和市政府还成立了专用发展基金。2001年9月该地成功进入世界文化遗产名录，成为德国第3个获此殊荣的工业遗产旅游地。

四是利用工业遗产解决就业问题，提供更多的就业机会，实现政府、社会和投资者共赢。鲁尔区工业遗产旅游开发是成功的典范，通过工业遗产的开发很好地解决了产业调整带来的失业等一系列社会问题。工人就业问题解决了，工业文物得到了保护和再生，投资者从中获得经济效益，从而实现了政府、社会和投资者共赢。

五是景观再造，处理好重建与保护的关系。要使工业遗产更迎合现代人的审美需要，同时能够起到改善生态环境的作用，就必须对工业遗迹进行必要的景观再造。在这一过程中必须注意处理好重建和保护的关系，既要使工业的历史面貌得到延续，又要展示旧的工业空间被改造利用的过程。如德国的工业遗产保护没有走现代景观重建之路，而是尽可能地结合原有工业建筑物进行改造利用，并通过生态系统的恢复达到现代人类活动的环境要求。

（三）国外工业遗产保护利用的教训

1. 对小型工业遗产的重视不够致使其消失加速

由于资金等各种原因，目前大部分国家的关注度和资金投入都集中在大型的工业遗产地，而忽视一些小型的但是在工业化过程中占据重要地位的工业遗产，致使这类型遗产有消失的危险。

2. 工业文化展示度不高导致后续能力不足

工业遗产作为休闲旅游和大型节事活动的物质载体和平台，带来公众关注。很多工业遗产改造项目停留在造景的低级阶段，工业遗产的非物质形态如工业技术、工业文化等退居于音乐会、艺术展等高雅和流行文化背后，很多改造项目只是滞留在视觉感受和工业元素的展示层面，工业文化内涵没有得到体现，展示度不高。很多游客仅仅怀着猎奇心理参观，基本属于一次性消费，后续能力不足。

3. 资金来源单一导致工业遗产保护难以为继

由于工业遗产规模较大，需要投入大量资金进行后期维护。国外也有大量工业遗产地无法平衡收支，政府资金紧张、预算有限，如果没有企业和社会的资助，工业遗产保护与利用很难维持。

第二节　国内工业遗产保护与利用

一、北京工业遗产保护与利用：现代工业遗产保护与利用的典范

（一）北京工业遗产保护与利用现状

北京长期以来都是一座以消费为主的城市，近代工业基础较为薄弱。新中国成立后，北京的工业尤其是重工业发展异常迅猛，迅速成为国家重要的工业基地，棉纺、电子、钢铁等产业的生产水平处于全国领先地位。20 世纪 80 年代后期，北京进入产业升级和城市发展的再次转型期，同时为了 2008 年奥运会的成功举办，许多大型工业企业纷纷停产外迁。北京工业遗产与上海、南京、天津、武汉、沈阳等中国早期近代工业的重要城市相比数量不多，加之前期由于保护意识薄弱，大量有价值的工业建构筑物和设施设备被拆除，导致留存下来的北京近代工业建筑遗存不多。北京现代工业遗产丰富，主要资源有第一个五年计划期间由苏联援建的五项重点工程——北京热电厂、国营 738 厂和国营 744 厂、国营 768 厂和国营 211 厂以及东郊的北京第一棉纺织厂、北京第二棉纺织厂、北京第三棉纺织厂，第二个五年计划期间诞生的北京炼焦化学厂（简称北京焦化厂）、北京石油化工总厂（现燕山石化）、北京重型电机厂、北京第二通用机械厂（现首钢通用机械厂）等。

进入 21 世纪，北京市在工业遗产保护方面进行了积极探索，2009 年相关部门制定公布了《北京市工业遗产保护与再利用导则》，将工业遗产作为北京历史文化名城保护的一项重要内容。其后颁布了一系列认定、保护和再利用的办法、导则和标准，逐步形成了一套适合北京现状的工业遗产保护与再利用体系。

（二）北京工业遗产保护与利用的主要模式

大部分的北京工业遗产都是新中国成立以后建设的，历史文化价值并不突出，但是因其建筑规模大、工程复杂，具有独特的工业风貌特征，经济利用价值较高。1992 年初，东安集团就将手表二厂原厂房改造成双安商场，这是中国工业建筑再利用较早的实例。目前北京工业遗产保护与利用的主要模式有三种：一是与文化创意相结合，二是打造工业遗址景观公园，三是打造工业遗产综合利用区。

1．文化创意产业集聚区：北京 798 艺术区

北京 798 艺术区（见图 4-4 至图 4-6）位于朝阳区东北部酒仙桥原国营 718 厂大院内，建筑面积 23 万平方米。北京 798 艺术区是目前北京最知名的当代艺术区之一，是在"一五"期间由苏联援助，东德专家设计建造的老军工厂车间基础上，经艺术家以当代审美理念改造而成。空间最大限度地保留了原德国包豪斯设计风格的建筑结构。斑驳的红砖瓦墙，错落有致的工业厂房，纵横交错的管道，保留在墙壁上各个时代的标语，是工业化、"文化大革命"和改革开放的历史见证，历史与现实、工业与艺术在这里完美地嵌合在了一起。

图4-4　北京798艺术区（一）

资料来源：作者自摄

图4-5　北京798艺术区（二）

资料来源：作者自摄

图4-6　北京798艺术区（三）

资料来源：作者自摄

因为园区有序的规划、便利的交通、风格独特的包豪斯建筑等多方面的优势，吸引了众多艺术机构及艺术家前来租用闲置厂房并进行改造，逐渐形成了集画廊、艺术工作室、文化公司、时尚店铺于一体的多元文化空间。798艺术区目前由三大业态构成。第一类是文化艺术产业，主要由美术馆、画廊、艺术中心构成，也是798的核心业态，目前有250家左右，其中包括20个国家和地区的境外机构约60家；第二类是文创机构，包括平面设计、时装设计、建筑设计、影视传媒和动漫创意公司，约有

230 家；第三类是旅游服务类行业，包括酒吧、咖啡店、创意小店，共近 80 家①。

798 艺术区目前正致力于实现产业的优化集聚发展，"十三五"期间园区将筹建 798 当代国际艺术中心、798 当代艺术拍卖中心和 798 当代博物馆。艺术品创作、展示、交易、管理、融资等全产业链的汇聚，将成为 798 艺术区未来的发展方向。

2. 工业遗址景观公园：北京焦化厂

北京焦化厂位于北京市东南部，工厂建于 1958 年，2006 年7 月正式停产。厂区旧址土地及相关地上物被国土部门收购、纳入政府土地储备，拆除工作的暂缓为工业遗产保护与利用赢得了宝贵的时机。

2008 年北京规划委组织了"北京焦化厂工业遗址保护与开发利用规划方案征集"，通过全面的调查评价对现存的工业遗迹、历史文化、生产工艺等进行整理后，将厂区旧址用地划分为工业遗产核心保护区、风貌协调区和外围开发建设区 3 类区域。生产区错落的厂房、高耸的烟筒、林立的水塔、火光通明的炼焦炉，煤化工工业特色显著，富有特色的构筑物及设施较为集中，运输铁路、皮带运输通廊和架空的管线设施遍布全厂区，将整个厂区空间及生产流程串接起来，具有较强的系统性和整体性。因此，规划方案将工业遗迹最为集中和典型的 T 字形区域规划为工业遗址公园，该区域占地面积约 50km²，占厂区总用地的 37％②；通过主要的生产工艺流程将这些建构筑物串接起来，展示焦煤的生产工艺和产业特色。核心保护区与周边开发建设地块之间设风

① 施晓琴：《北京 798，你怎么啦》，《中国文化报》，2017 年 4 月 1 日，第 1版。

② 北京市规划委员会、北京市规划设计院：《北京焦化厂工业遗址保护与开发利用综合规划》，2009 年。

貌协调区,范围约 19km^2。其他外围用地为开发建设用地(包括
地铁车辆段),在符合展现工业遗产风貌的情况下鼓励进行现代
化开发建设,展现当代城市建筑的风采。

3. 工业遗产综合利用区:首都钢铁公司

1919 年龙烟铁矿公司筹建,新中国成立之后,在龙烟铁矿
公司基础上成立的石景山钢铁厂成为北京市第一个国营的钢铁企
业,1966 年更名为首都钢铁公司,1978 年成为中国十大钢铁企
业之一。2005 年国务院批复了首钢搬迁调整规划。首钢作为北
京最具代表性的工业历史地段,首钢厂史展览馆及碉堡、首钢厂
办公楼入选《北京优秀近现代建筑保护名录(第一批)》。

2009 年北京市规划委组织了"首钢工业区改造启动区城市
规划设计方案征集",除已经被认定的 3 处文物保护建筑外,通
过调研评估确定保留建构筑物 81 项;同时保留了集中在厂区的
中部,从西北向东南的时空分布的带状区域,打造具有较高景观
价值的"工业遗产综合利用区"。这一区域成为串联整个首钢工
业区的结构骨架,将建设成为展示历史的轴线、交通组织的动脉
生态绿化的氧吧和观光游览的画廊。以"工业遗产综合利用区"
自西北向东南分别串联"工业主题公园""文化创业产业区""行
政中心区""城市公共中心区""旅游休闲区""总部经济区""综
合配套区"。七个片区彼此相对独立又经由工业遗产综合利用区
的统领形成彼此联系的整体①。

---

① 刘巍:《工业遗产保护与城市更新的关系初探——以北京焦化厂、首钢工业
区、石家庄东北工业区为例》,《城市发展研究》,2014 年增刊,第 3~4 页。

二、上海工业遗产保护利用研究：工业遗产与文化创意产业的完美结合

（一）上海工业遗产保护与利用现状

上海是我国近代工业的发祥地和全国重要工业城市，留存了数量巨大、类型丰富的工业遗产。

20 世纪 80 年代后期，上海市人民政府意识到历史风貌区和历史建筑对塑造城市形象的重要性。1986 年，上海开始尝试建立历史建筑的保护机制，1991 年出台的《上海市优秀近代建筑保护管理办法》、2002 年出台的《上海市历史文化风貌区和优秀历史建筑保护条例》、2004 年出台的《关于进一步加强历史文化风貌区和优秀历史建筑保护的通知》等几个文化和法规条例，在城市发展快速期，有效地遏制了对历史风貌区和优秀建筑的大拆大建。对历史风貌区的有效保护，不仅提高了上海市的城市景观可识别性，又在市民中获得了高度的文化认同。特别是 2004 年系列文件的密集出台，将工业遗产建筑纳入历史建筑保护范畴，加强了对工业遗产的保护与管理，规范了对工业遗产保护与利用的措施，使上海工业遗产保护与利用获得了宝贵的机遇。

上海工业遗产保护与利用最初萌芽于 20 世纪 90 年代中期，一些具有区位优势的厂房被企业出于经济自救的目的转租改造为家具城、建材市场或餐饮场所；到 90 年代后期，艺术家在苏州河一带租用废弃仓库作为创意工作室，发起参与创意工作室实践；从 90 年代末开始，散落的老旧厂房群落自发集聚起当代艺术家工作室；21 世纪初期，地方政府开始"顺势而为"，引导与鼓励企业既保留老建筑历史风貌，又为老厂房、老仓库注入新的产业元素，建成众多创意产业集聚区。如今，从苏州河到大杨浦，从泰康路到莫干山路，上海越来越多的老厂房经过创意改造，成为上海新的时尚地标。

（二）上海工业遗产保护的主要模式

上海工业遗产保护主要有四种典型模式（见表 4-2）。

表 4-2　上海工业遗产保护与利用主要模式

	模式	典型案例
1	文化创意园区模式	M50 创意园、8 号桥创意园区、同乐坊、田子坊创意园区、静安 800 秀创意园、红坊、1933 老杨坊、德必易园
2	城市景观游憩空间模式	老白渡滨江绿地
3	公益性文化设施模式	上海世博园
4	时尚文化商业模式	上海国际时尚中心

资料来源：作者自制

1．文化创意园区模式

文化创意园区是上海工业遗产保护与利用最为广泛的模式。泰康路上的弄堂工厂厂房内，进驻了 10 多个国家和地区的近百家视觉创意设计机构，成为上海最大的视觉创意设计基地，形成了一定的视觉创意设计产业规模。这不仅带来了当今国际最新的视觉创意设计理念，而且还吸纳了上海本地的设计师，为上海培养了不少设计后备人才，使泰康路成为上海视觉创意设计人才的"孵化器"。

普陀区苏州河边的莫干山路 50 号，原是一家建于 1932 年的老纺织厂。4 万多平方米的历史老厂房群经过适当的改建，开辟为别具一格的春明都市工业园区，入驻了不少画廊和艺术家工作室。这使莫干山路 50 号成为上海最具规模的现代艺术创作中心，该园区目前已成为上海一个有影响力的现代艺术品交易市场。

"8 号桥"，它的另一个正式的名字叫"上海时尚创意中心"。位于建国中路重庆南路口的"8 号桥"，原是上海汽车制动器厂

15000平方米的旧工业厂房，砖木结构的厂房经过半个多世纪的风雨已是破旧不堪。经过精心改造，原来老厂房中那些厚重的砖墙、纵横的管道和斑驳的地面被保留了下来。由于从外观上看，每一座办公楼都有天桥相连，而因为该地址位于建国中路8~10号，所以取名为"8号桥"。"8号桥"已吸引了众多创意类、艺术类及时尚类的企业入驻，包括海内外的知名建筑设计、服装设计、影视制作、画廊、广告、公关、媒体等公司。

长宁德必易园是"德必易园"系列的第一个文化创意产业园区（见图4-7），是上海多媒体产业园分园，原建筑为上海航天局第809研究所，园区吸引了中国最大的城市生活消费指南网站"大众点评网"、世界500强企业拉加代尔等一批国际知名企业入驻。

图4-7 长宁德必易园

资料来源：作者自摄

2. 城市景观游憩空间模式

老白渡滨江绿地由原上海港煤炭装卸公司的老白渡码头和上海第二十七棉纺厂的江边地域改建而成。绿地保留了系缆桩、高架运煤廊道、煤仓、烟囱等码头遗迹和工业文化元素，将工业景观协调融入周边的绿地环境。滨江绿地集休闲、游憩、办公、商业等文化功能于一体，给城市居民提供了新的休闲空间。

3. 公益性文化设施模式

为实现对具有历史风貌的老厂房和优秀建筑的保护和再利用，江南造船厂、求新造船厂、南市发电厂等一批工业遗产被上海世博会用于展馆、管理办公楼、临江餐馆、博物馆等，200 万平方米的总建筑面积中，由老建筑改建的就达到 25 万平方米。老建筑改造利用不仅大幅度降低了建设费用，也完成了从工业厂房到博览业之间的转换，一举打破 150 年来历届世博会上全部使用新场馆的老模式。这些工业遗产作为场馆建设的重要组成部分，在世博会结束后作为博物馆和展览馆，永久性保留和对外开放。

4. 时尚文化商业模式

由上海第十七棉纺织总厂改造而成的上海国际时尚中心，跨界融合了国际名品和休闲、娱乐等多种业态，集创意文化及现代服务经济于一体。清水红砖式的外墙建筑，既保留了 20 世纪 20 年代老上海工业文明的历史韵味，又融入了当代时尚的审美元素。国际时尚中心拥有时尚多功能秀场、时尚接待会所、时尚创意办公、时尚精品仓、时尚公寓酒店和时尚餐饮娱乐等六大功能区域。中心承办了顶级品牌发布展会、国际经典收藏车展等重大会展活动，成为上海乃至中国与国际时尚业界互动对接的地标性载体和营运承载基地。

（三）工业遗产和文化创意产业的结合成为传统工业向新型服务业转型的重要动力

上海是我国文化创意业发展最早最快的城市，作为一座具有百年工业发展历史的城市，上海拥有大量的老厂房、老仓库。在多维要素共同作用下，工业遗产与文化创意产业相结合，形成了上海特色的文化创意产业集聚区，产业园的耦合与共生效应在上海成为一种典型现象。以利用工业历史建筑为切入点，将保护和开发融入创意产业发展。文化创意产业成为推动上海产业升级和城市功能转型的"头脑加速器"，而藏身于工业建筑和旧式里弄的创意产业集聚区，也成为上海商业地产新形态。

上海市创意产业的快速发展得益于城市文化底蕴深厚、经济发达、人才集聚、基础设施完善、政策扶持等优势，而工业遗产在创意产业园区构建中则起到了重要的空间承载作用。上海市工业遗产综合信息数据库显示，工业遗产再利用为创意产业园的典型案例样本 44 个①。截至 2016 年底，上海市文化创意产业增加值为 3674.31 亿元，占 GDP 比重 13.38%。上海市以"工厂改型＋园区聚集"的发展模式，集聚了 180 多万文化创意产业从业人员，形成了"一轴、两河、多圈"的空间布局，文化创意产业表现出高度的空间聚集化②。

---

① 刘抚英、赵双、崔力：《基于工业遗产保护与再利用的上海创意产业园调查研究》，《中国园林》，2016 年第 8 期，第 96 页。

② 张金月：《文化创意产业发展对经济贡献的实证研究——基于北京和上海的比较》，《科技和产业》，2017 年第 9 期，第 44～46 页。

三、无锡工业遗产保护利用研究：彰显城市特色弘扬地域文化

（一）无锡工业遗产现状

无锡北倚长江，南濒太湖，京杭大运河穿城而过，是一座具有三千多年文字记载史的江南名城，是中国近代民族工商业的发祥地。无锡近代民族工商业之所以发展迅速，得益于便利的水运渠道，交通运输发达使产品的流通周期相对较短。随着城市对外商业贸易的扩大，以及当时中国对粮油、丝茧、布匹等产品需求量的增加，无锡逐渐从传统的"水陆码头"转为近代化工商业城市。1937年，无锡获得了"小上海"的美誉，工业产值排在上海、广州之后，居中国第三位，工人数量仅次于上海居第二位。

近代民族工商业的崛起，造就了无锡工业的百年辉煌，也为后人留下了众多宝贵的工业遗产。无锡的工业遗产，具有丰富性、配套性、延续性三大特点。无锡工业遗产数量众多，门类广泛，主要集中于老城内6.6公里的运河沿岸，并具有按区域形成的纺织、造船、农产品加工、机械修造等相对集中分布的特色。目前列入保护对象的工业遗产有70多处，第一类是民族工商业的企业厂房，第二类是工商业者的故居，第三类就是工商业者发展以后办的一些公益性事业。

（三）无锡工业遗产保护与利用的主要方式

无锡工业遗产保护与利用的主要方式有三种：一是功能转换为博物馆、展览馆；二是发展文化产业；三是置换厂房，社区化转型利用，结合社区改造引领区域复兴。

1. 利用原厂房修建博物馆，对工业文物进行收藏保护

对旧厂房、旧仓库、旧码头等工业遗产，无锡利用其自身的特点加以合理利用，其中一个很重要的途径就是修建博物馆，对工业文物进行收藏保护。中国民族工商业博物馆于 2007 年正式对外开放，博物馆以荣宗敬、荣德生兄弟开创的茂新面粉厂老建筑为基础，在恢复原貌的基础上，展陈设计定位为工商互动、以工为主、以商为辅的特征。总体布局形成两个展区，划分为四大版块：中国民族工商业发展史展区、茂新面粉厂麦仓及老机器设备展区、茂新面粉厂办公楼专题陈列、民国商贸一条街。

中国民族工商业发展史展区通过大量图文资料、实物资料介绍中国近代民族工商业发展史，实物与历史资料相结合，辅以多媒体语音解说，静态与动态相结合，以现代化的陈列方式再现中国民族工商业发展历史；老机器设备展区完整再现面粉厂生产加工流程，根据当时面粉生产特征量身定制了一套多媒体综合演示系统，模拟面粉生产的整个流程，通过情景再现使观众对茂新面粉厂有一个直观的印象；茂新面粉厂办公楼专题陈列，保存了当年办公用的茂新面粉厂办公楼原貌，通过征集到的当时的办公用具等实物，展示出当年荣德生兄弟等人的办公室、招待间、交易所等场景；民国商贸一条街以民国时期无锡著名商贸街"北大街"为范本，打破地域空间，集中无锡的老字号、名牌、名店、名产，实景展示，其建筑风格与茂新厂房相一致，浑然一体，营造出浓郁的历史氛围，再现当年无锡民族工商业商号林立的繁华景象。

除了官方修建博物馆，无锡还鼓励工业组织、民间组织或者个人进行收藏。为了做好百年工商文物的征集保护工作，无锡在全社会中广泛发动各界参与工业遗产的征集活动，得到社会各界的大力支持。

2. 置换工业遗产，发展文化产业

采用这种方式典型的就是中国蚕丝公司无锡仓库（北仓门仓库）。该仓库位于无锡运河边上，建于 1938 年，是当时江苏、浙江、安徽一带最大的蚕丝仓库，也是近代江南地区工工商业发展的代表性建筑。如今这里已经"旧貌换新颜"，变换成无锡城里一个颇有名气的"生活艺术中心"。

经过保护性修复改造后，古今结合为这座古老的建筑注入了鲜活的血液，在怀旧气氛里，油画展、家居创意展、咖啡厅、酒吧等后现代设计浑然其中，二者结合又散发出一种独特的魅力。文化产业依托工业遗址，不但保护利用了工业遗产，而且在无形中做了很好的宣传，丰富了市民的业余生活，带来了良好的经济效益和社会效益。

3. 社区化转型利用

振新纱厂是无锡近代史上第二家大型棉纺企业，申新纺织三厂是荣氏企业集团在无锡的最大棉纺厂。2008 年结合周边社区改造打造多元城市结构社区，工业遗产改造与住宅区建设同步进行。"西水东"民族工业文化街区于 2013 年开街，街区以美食餐饮、养生美容、教育培训等休闲教育生活业态为主。位于住区入口附近的工业遗产场所和建筑特征得以保留，使其成为有别于其他商业步行街的特色，是工业遗产社区化转型的一个成功尝试。

此外无锡对非物质形态的工业遗产保护也是一大亮点，抢救性地对无锡工业遗产档案进行整理研究编撰出版，利用现代技术手段将采集信息与提供利用相结合，形成了以照片、声像资料为特色的档案馆藏，出版了《无锡唐氏家族创业史料》《近代无锡同业公会史料选编》等一大批书籍。

（三）无锡工业遗产保护利用对彰显城市特色、弘扬地域文化起着重要作用

无锡将保护工业遗产作为全面提升城市综合竞争力的重要举措，力求彰显百年工商名城底蕴，塑造文化无锡的城市形象。

2001 年以来，无锡加强了对工业遗产的调查研究、保护利用，先后开展了全市性的工业遗产普查，确定了 78 处工业遗产列入保护名录，征集收藏可移动工业遗产 2000 余件，并从单体的老厂房、老机器保护向老企业整体布局保护和老企业片区风貌保护转变。2006 年 4 月 7 日，无锡市人民政府印发了《关于开展工业遗产普查和保护工作的通知》。2008 年以后，无锡工业遗产保护与利用发生了转变，将具有遗产价值的厂房仓库结合社区改造，通过形象和功能的双重活化引领城市更新，使工商名城的文化特色得以充分展现。

通过依托古运河人文资源，以穿城而过的古运河为轴线，修复古运河沿岸街坊、商铺和其他历史遗存，再现无锡布码头、米码头和运河两岸枕河人家风貌，建设水乡风貌与历史遗存相互交融的工业遗产人文景观保护带，对彰显城市特色和弘扬地方文化起到了无可替代的作用。

四、个案一：广州信义会馆改造

（一）广州信义会馆概况

信义会馆位于广州市荔湾区芳村大道下市直街 1 号（见图 4-8），与白天鹅宾馆隔江相望。其原址是广东省水利水电施工公司的旧厂房，公司并入建工集团后迁出了老厂区，厂区内拥有数座 20 世纪 60 年代建造的高大而宽敞的仓库和车间。广州市进行芳村区（今荔湾区）长堤路滨江沿岸整治工程中，对该遗产进行了保留利用，保留了约 1.3 万平方米原有建筑，仿原有风格新

建了约 5000 平方米的新建筑。会馆全园大体成东西走向，分为南、北两个入口，内有 6 栋大型旧式厂房建筑，分三列成东西一字形排开，厂房之间相隔十分宽阔。

会馆功能分区大致为文化休闲旅游区、商业会展区以及公寓酒店。该会馆以创意产业为业态主体，吸引广州最顶尖的艺术及创意领域的精英人士进驻。1300 平方米的多功能展厅，不定期地举办各类时尚、艺术、商业活动。

图 4-8　信义会馆内部

资料来源：作者自摄

（二）保留内容及利用方式

会馆保留利用了数座 20 世纪 60 年代建造的人字屋顶大型旧厂房和旧仓库，厂房单层高度超过 10 米。信义会馆在改造过程中尽量维持原貌，追求旧建筑因岁月酿就的历史沧桑感。同时为了维持整个空间的纯粹，最大限度地保证明亮与宽敞，几栋建筑都保持中空，楼梯设在侧翼；室内的地面刻意地做成坑洼的水泥刷面，随意地铺上散落的麻石；用废旧的枕木来铺设庭院地面或做地脚线；把从旧房拆下来的青砖收购回来，铺设地面与部分路面，内部则用钢梯来营造富有工业时代意味的线条美与质感；原样保留了当年刻在厂房墙上的口号以及整个区域内的 83 棵古榕树。

（三）会馆改造对新荔湾的影响作用

新荔湾是广州市唯一跨越珠江、拥有"一河两岸"的城区，珠江江岸线总长达 25 公里。在计划经济时代，滨江地区的土地大都被一些大型国有企业所占用，珠江江岸线多是生产性码头、工业、仓储等。新荔湾规划以发展现代化商贸文化旅游区为目标，滨江地区以建设公共空间、发展文化旅游和商贸功能为主。珠江景观整治规划对原芳村沿江的部分旧厂房实施功能置换，重点突出文化、旅游和商贸功能。而信义会馆正是依托独特优美的自然环境和浓厚的文化积淀，为客户提供个性、时尚的展览，写字楼、会议、公寓、酒店、餐饮、娱乐及相关配套服务，发展特色文化创意产业。

会馆经过改造后，百年榕树、临江木栈桥、宽阔的白鹅潭水面与西关人文景观融为一体，成为广州的一个城市亮点。会馆已形成了一定规模的文化企业群，逐步建立起创意文化经济圈，2013 年被评为广州市第一批重点文化产业园区（集聚区），是广州市创意产业的重要组成部分。

五、个案二：成都"东郊记忆"

（一）"东郊记忆"概况

成都东郊是成都市区内创建最早、规模最大的工业区域，电子、信息、电力等诸多行业两百多家中央、省、市属企业及科研单位在这里发展，曾经是中国电子工业基地的标杆。"东郊记忆"的前身成都国营红光电子管厂曾为东郊工业区的发展壮大做出了不可磨灭的贡献。红光电子管厂是 20 世纪 50 年代苏联援建的重点工程，是我国第一批生产黑白显像管的企业。随着 2001 年成都市东调政策的发布启动，东郊工业区企业随之迁移，东郊老工业基地的去留问题悬而未决。"东郊记忆"作为计划经济时期工业遗存，不仅遗留着当年苏联援建的办公楼，还留存着 20 世纪 90 年代初修建的诸多建筑，其中包括讲究效率的多层厂房、极富观赏性的红砖厂房在内的各类厂房和极富工业符号感的各类构筑物。

2009 年成都市颁布的文化创意产业发展规划文件①，确定以红光电子管厂遗址为对象进行以文化创意产业资源整合为目的的改造，文化创意产业的发展赋予红光电子管厂新的生机，留住了城市记忆的同时保护了现代工业遗产。"东郊记忆"目前已成为四川省首批重点文化企业旗舰企业和四川省文化产业示范基地。

（二）"东郊记忆"利用方式

成都"东郊记忆"（见图 4-9）由最初的东区音乐公园转变成如今的以工业遗存保护和文化创意相结合的文化创意园区，由东郊工业遗产八景、成都舞台、东郊记忆馆等组成。

图 4-9 "东郊记忆"（一）

资料来源：作者自摄

---

① 成都市人民政府办公厅、成都市人民政府办公厅关于印发《成都市文化创意发展规划（2009—2012）的通知》（成办发〔2009〕64 号）。

"东郊记忆"的产业发展和商业业态:"东郊记忆"致力发展以音乐产业为主导的文化创意产业,与成都传媒集团、四川移动等运营主体合作,为园区吸纳众多音乐家参与和音乐公司入驻,并形成了成熟的产业链。音乐产业的快速发展又拉动了数字音乐制作、展览演出、表演艺术、音像出版、摄影以及新媒体等相关文化创意产业的发展。目前"东郊记忆"拥有 18 个主题鲜明、功用齐全的中小型表演艺术场地集群,规模达到成都市乃至整个西南片区之最。中国移动无线音乐基地经常举办新歌发布会、音乐独立制作、明星见面会、听友会等商业活动,目前其商业合作对象超过 1400 多个,包括百度、搜狐、腾讯等在内的网络企业巨头,以及索尼、华纳、百代、环球在内的世界四大唱片公司。

景观改造方式:原有工厂的高大厂房、管架、烟囱、装卸平台等工业构筑物,通过再设计采用加置、减略、分隔、装饰的等技术手段进行改造。跨度 24 米,层高 16 米的大车间被改造为影院和剧场,半成品堆放场被改造为参照威尼斯圣马可广场而建的中心广场——成都舞台。废旧机床、玻壳半成品、废旧罐体、管道等全部被改造成装饰类的艺术品,工厂里的推车也被改造成盛放鲜花的花坛(见图 4-10)。

图 4-10 "东郊记忆"(二)
资料来源:作者自摄

活动运营方式：利用"东郊记忆"的表演艺术场地资源，开展兼具多重效益的商业活动合作形式，引入了大量优秀的演出团体和人才。与四川音乐学院、四川传媒学院、中央戏剧学院等知名艺术高校深入合作，同时也与四川省歌舞剧院、四川省人民艺术剧院、孟京辉戏剧工作室等知名文化院团保持良好关系，实现互利共赢发展。"东郊记忆"的文化活动形式多样，包括各式各样的展览展会、时尚品牌发布和国际演出，年均超过 1200 场，其中影响深远的品牌文化活动每年高于 100 场次。

六、国内工业遗产保护与利用启示

（一）国内工业遗产再利用主要模式

1. 主题博物馆与会展模式

主题博物馆模式是以博物馆的形式对工业遗址进行原址原状保护及博物馆陈列展示。这类博物馆可以分为传统工业博物馆和遗址性工业博物馆两类。国内大多数的工业遗产博物馆是对工业遗产进行原址保存，少数也会对其进行分解、移动建筑或改造构造进行异地保护。庆华军工遗址博物馆、黄崖洞兵工厂展览馆、安源路矿工人运动纪念馆、景德镇陶瓷工业遗产博物馆、胶济铁路博物馆都是打造较为成功的工业遗产博物馆。

2. 工业遗产旅游模式

工业遗产旅游是工业遗产保护与利用的重要模式之一，工业遗产旅游是以工业企业为基础开发出来的新兴旅游产品，为资源枯竭型城市发展旅游业提供了更为广阔的前景。工业遗产旅游借助具有科研、科普、文化、教育、休闲和铸造民族精神等重要价值的工业遗产，使游客参与并感悟工业遗产的独特魅力。浙江省新昌达利丝绸世界旅游景区、湖南省株洲市醴陵瓷谷、贵州省仁怀市"茅酒之源"旅游景区都是成功的典范。

3. 公共休闲与主题景观公园模式

该模式是在有效地保留原有的历史空间和环境的前提下，利用废弃的工厂、矿区，结合城市规划和社区建设的功能配套，加入现代文化元素，强调保护再生，通过转换、对比、镶嵌等多种方式重构，将工业遗址和工业建筑改建成社区公园、景观公园或大型文化活动场所，以满足人们消遣、求知、休闲、康体、娱乐等复合型需求。首钢工业遗址公园、北京东部工业遗址文化园区、民国首都电厂旧址公园、马尾船厂厂区及船政文化园区、中山岐江公园都是这种模式的代表性案例。

4. 创意产业聚集区

工业遗产在保留原历史文化遗迹的前提下，经过适当的设计和改造，转化为激发创意灵感、吸引创意人才、集聚创意作品的创意产业园区，再引入具有创意设计类的文化公司来打造创意产业聚集地。这种模式既可为创意产业发展提供生产经营场所，也可以向公众展示工业遗产特色和优势。798 艺术区、"丝联 166"创意产业园区、陶溪川文创街区、晨光 1865 创意园都是典型的创意产业集聚区。

（二）国内工业遗产保护与利用的成功经验

国内城市工业遗产保护利用的成功经验主要表现为以下几方面：

一是政府对保护工业遗产的重视。但凡工业遗产保护利用较好的城市，大都得到当地政府的大力支持。如无锡，为修建中国民族工商业博物馆，无锡市人民政府主动出面找企业商谈，出资近亿元对该厂的资产进行了置换，置换的资产不仅有厂房和办公楼，还包括车间内一条完整的生产流水线。再如上海，政府出面引导，工业遗产有了政策法规保护，使上海的工业遗产和创意产业相结合，在短短的几年内创意产业得以快速发展，2010 年，上海加入联合国教科文组织"创意城市网络",被命名为"设计之都"。

二是通过法律法规对工业遗产进行保护。在此方面,一些地方的经验值得关注。无锡通过健全保护与利用工业遗产的法律法规,使得无锡对工业遗产的保护、规划和利用等各个方面都纳入了法制的轨道,从而使一大批优秀的近代建筑,特别是一批珍贵的民族工业遗产得以保存。2017 年 1 月 1 日《黄石市工业遗产保护条例》出台,使黄石的工业遗产得到了法律的保障。目前"中国最美工业旅游城市"已成为黄石新的城市名片,黄石跻身中国城市工业旅游竞争力排行前十强。

三是以整体保护思路推进工业遗产。北京正在抓紧推进《北京市工业遗产专项规划及保护利用管理办法》的编制工作,江苏无锡已相继推出第一批、第二批工业遗产保护名录,目前《无锡市工业遗产保护专项规划》正在编制中,《杭州市区工业(建筑)遗产保护规划》已颁布实施。

四是鼓励全社会共同参与。从无锡市人民政府决定筹建民族工商业博物馆开始,一场声势浩大的文物征集工作也同时展开。一大批企业纷纷踊跃捐献机器、商标以及有价值的办公设备,掀起了一股无偿捐献文物的热潮。

五是建立与城市更新配套的政策。2011 年,上海以沪府办发〔2011〕51 号文和沪规土资地〔2011〕1023 号文为标志,工业转型的政策跨入了规范化阶段。政策明确对于集建区内、集中工业区外的工业用地(195km² 区域)的转型进行推动①,并将控规调整、容积率改变等的审批权限下移至区县层面,从而大大增加了工业项目转型的可行性和灵活性。2014 年到 2016 年,上海

---

① 张鹏、吴霄婧:《转型制度演进与工业建筑遗产保护与再生分析——以上海为例》,《城市规划》,2016 年第 9 期,第 78 页。

市政府密集出台了盘活存量工业用地的新政策，明确采取区域整体转型、土地收储后出让和有条件零星开发等三类政策，为工业遗产转型提供了更好的政策保障。

（三）国内工业遗产保护与利用的教训

我国由于工业遗产保护与利用问题尚处于探索之中，在实践中存在诸多不尽如人意之处，这为今后的工业遗产保护与利用提供了一些应当引以为戒的教训。

一是对工业遗产必须加紧进行抢救性保护。随着各地进行产业结构调整以及城市建设进入高速发展时期，处在城市中心地段的老企业因搬迁、停产或改建等原因遗留下许多老建筑或老设备，其中有价值的工业建筑物和相关遗存由于尚未被界定为文物，或是由于法规的缺失和其他原因，这些工业遗产正急速地从现代城市里消失。在一些发展中的经济区域，城市管理者对土地价值和发展空间价值的渴望，使工业遗产加速消失，留下许多遗憾，因此必须进行抢救性保护。

二是工业遗产利用模式较为单一。目前，中国一些城市对工业遗产的保护与利用模式主要为发展创意产业和改建博物馆，而西方发达国家较为注重把工业遗产保护与利用纳入区域改造范畴进行统筹规划的战略性措施，更能体现利用价值和经济价值的集工作、休闲、娱乐、环境塑造等于一体的保护利用模式尚未引起足够重视。这些无疑为工业遗产的保护与利用提供了可资借鉴的经验和教训。

第五章　重庆近现代
工业发展的历史考察

城市是一个集政治生活、经济生活、文化生活为一体的复杂综合体，城市的产生和发展也受到来自政治、经济、文化等方面诸多因素的影响①。从远古到现代，重庆城市发展大致经历了远古聚落、古代军事城堡、古代城市、近代城市和现代城市阶段②。重庆城市的形成与发展是社会、经济、文化影响的结果，而重庆近现代城市形象的形成，更与近现代工业的发展高度相关。

第一节　重庆近现代工业发展历史脉络

一、重庆历史沿革

重庆的历史可以追溯到遥远的原始时代，考古成果显示200余万年前，重庆境内已经有了人类生活的痕迹。3000～4000年之前长江两岸的原始村落星罗棋布。公元前11世纪，周武王封

---

① 何一民：《政治中心优先发展到经济中心优先发展——农业时代到工业时代中国城市发展动力机制的转变》，《西南民族大学学报（人文社科版）》，2004年第1期，第80页。
② 重庆课题组：《重庆》，当代中国出版社，2008年，第4页。

宗姬于巴，以江州（今重庆）为首府。据《华阳国志·巴志》记载，其疆域最盛时"东至鱼复（今重庆奉节），西至僰道（今四川宜宾），北接汉中（今陕西南郑），西极黔涪（今重庆彭水、黔江一带以及贵州东北和湖南西北等地）"①。秦灭巴蜀以后，"仪城江州"，张仪镇守巴郡期间，开始在江州筑城，史学界普遍认为这是重庆作为川东地区政治、经济区域中心的发端。

秦汉时期，作为郡治所在地的重庆已经有相当规模了，《华阳国志·巴志》记载："地势侧险，皆重屋累居……结舫水居五百余家。"② 三国两晋南北朝时期，重庆隶属统辖多次发生变化，至隋朝改"楚"为"渝"，一直沿用到北宋末年，前后时间长达500余年。北宋崇宁元年（公元1102年）重庆改"渝州"为"恭州"，南宋淳熙十六年（公元1189年）"恭州"改为"重庆府"，"重庆"一名沿用至今。南宋时期是古代巴渝地区经济发展最为迅速的时期，较之前代，商业经济逐渐活跃，城镇渐兴。明朝在重庆设兵备道、重庆府，表明在明朝重庆已成为川黔地区军事重镇和全国重要商埠之地。清朝时期，重庆地区"商贾云集，百物萃集"，城外"九门舟集蚁"，城内街巷多达240余条③。重庆逐渐从元明时期的军事重镇发展为四川和西南地区最重要的商埠城市，为日后重庆城市的近代化和商业中心地位的形成打下了良好的基础④。

1876年的《中英文烟台条约》和1890年的《烟台条约续增专条》使英国取得了在重庆开埠的权利。1891年3月1日，重庆海关成立，标志着重庆正式开埠。开埠对重庆历史特别是近代城市的形成意义影响深远，重庆自此进入艰难的近代工业化和城

---

① 刘琳校注本：《华阳国志·巴志》，巴蜀书社，1984年，第25页。
② 刘琳校注本：《华阳国志·巴志》，巴蜀书社，1984年，第49页。
③ 乾隆版：《巴县志（卷三）》，第27页。
④ 俞荣根、张凤琦：《当代重庆简史》，重庆出版社，2003年，第7页。

市化的进程，与此同时重庆的近代工业和商业发轫。抗日战争全面爆发前夕，重庆已经发展成为中国西部地区政治、经济、军事、文化中心，是西部地区综合实力最强的城市。

抗日战争全面爆发后，为坚持抗战国民政府迁都重庆。1937年11月20日，林森以国民政府主席名义发表的《国民政府移驻重庆宣言》向世界各国声明："国民政府兹为适应战况、统筹全局、长期抗战起见，本日移驻重庆。此后将以最广大之规模，从事更持久之战斗。"① 重庆由内陆商埠城市一跃而成为国民党统治区的政治、经济、军事、文化、外交中心。

新中国成立前夕，国民政府还都南京，重庆仍然是西南地区的政治、经济、军事、文化区域中心。新中国成立之后，重庆经历了西南大区时期、省辖市、计划单列市，于1997年成为直辖市。重庆历史沿革如表5-1所示。

表5-1　重庆历史沿革

年代	名称	城市发展状况	历史地位
200万年前		境内有最古老的人类——巫山人活动的痕迹	
3000~4000年前		原始部落密集出现	
公元前11世纪	江州	疆域最盛时东至鱼复（今重庆奉节），西至僰道（今四川宜宾），北接汉中（今陕西南郑），西极黔涪	巴之首府
秦朝	江州	川东地区政治、经济区域中心雏形	郡治所在地

---

① 《国民政府移驻重庆宣言》，《国民公报》，1937年11月21日。

续表5-1

年代	名称	城市发展状况	历史地位
汉朝	江州	渝东川北中心	郡治所在地
三国两晋南北朝	荆州/巴州/楚州	长期战乱，政区变动频繁，社会经济凋敝，人口锐减	
隋朝	渝州	广泛设立县，区域开发进入新阶段	
唐朝	渝州	富庶之地	普通州府
北宋	恭州	嘉陵江流域物资集散地、商业性城市	四川东部商业贸易中心
南宋	重庆府	川陕四路制置司所在地	四川地区政治军事中心
元朝	重庆路总管府	四川南道宣慰司驻地/四川行省驻节地	四川重要区域军政中心及第二大城市
明朝	重庆府	政治地位上升，是川东军事重镇。农业商业手工业繁荣使其成为四川水路交通中心和商业繁盛的区域中心	川东区域中心
清朝	重庆府	经济发展综合水平超过省内其他城市，由军事重镇演变为商业城市	四川最重要的商业城市、川东黔北区域性中心城市
清末民初	重庆市（1929年改重庆商埠为重庆市）	1891年重庆开埠，近代工业出现，近代城市初步形成，成为半殖民半封建城市	四川和西南地区商业中心、金融中心、经济中心
抗战时期	重庆市	大后方工业中心形成、商业金融交通中心进一步确立	中国战时首都、经济中心完全形成

年代	名称	城市发展状况	历史地位
1950—1954 西南大区	重庆市	国民经济恢复、文化教育获得新生	西南地区政治、经济、军事、交通、文化中心，全国第三大城市
1954—1983 省辖市	重庆市	1954年与四川省合并，由中央直辖市改为四川省辖市	新中国战略后方的重要工业基地
1983—1997	重庆市	全国第一个经济体制综合改革试点城市	综合性工业城市
1997—	重庆市	经济、政治、文化、社会、生态文明建设取得长足进步	长江上游经济中心、西部内陆开放高地、国家中心城市

资料来源：作者自制

从重庆历史发展和国家对重庆的定位来看，重庆近现代城市的发展轨迹表现为：商业中心→生产、流通、金融等综合经济中心→重工业基地→长江上游经济中心、西部内陆开放高地→国家中心城市→国际化大都市。

二、重庆近现代工业发展脉络

重庆是中国重要的工业重镇之一。重庆具有悠久的手工业发展史，巫溪宁厂古镇制盐业自先秦兴盛以来，历时5000多年。由于盐业的发达，历代在宁厂置监、州、县，明清时期，宁厂成为全国十大盐都之一。《山海经》中所称"巫咸国"即宁厂古镇，由此可见宁厂盐业的历史之久远和在中国制盐业上的地位。秦朝巴寡妇清，因炼丹而闻名于世，被近代史学家和经济学家称为"中国历史上第一位女实业家"。为纪念这位为中国冶炼业做出重要贡献的女性，迄今为止，其家乡长寿区江南镇尚存有"怀清台"供人们凭吊。

本节对重庆近现代工业的梳理实践节点从 1891 年重庆开埠至 1983 年。具有近代意义的重庆工业则肇始于 19 世纪末，1891年重庆开埠开启了重庆乃至西南地区近代化的进程，重庆近代工业也由此发轫，之后经历了抗战时期和"三线"建设两次飞跃，重庆工业获得快速发展，使重庆在四川省、西南地区，乃至整个中国近现代工业史上占有十分重要的地位。

（一）近代工业的发轫：重庆开埠

开埠之前，重庆是一个区域商贸中心城市，近代工业发展几乎为零。一直到 1891 年重庆开埠，第一家近代意义上的工业企业森昌火柴公司才诞生于重庆，掀开了近代工业在重庆发展的帷幕。开埠为重庆经济发展注入了活力，新思想新技术的引进、工厂的不断开设促进了重庆近代工业的发展。清末民初地方政府对重庆地区民族工业的扶持和保护，以及商业、金融资本投入近代工业等举措都成为重庆近代工业发展的强大助力。但是由于重庆近代工业起步较晚，发展程度不高，在社会生活中产生的经济作用还不大，与当时重庆繁荣的商贸和金融业不可同日而语。但是，这一时期重庆近代工业的发展奠定了重庆近代工业的基础。

（二）重庆近代工业的第一个高峰：战时大后方工业中心的形成

抗日战争全面爆发后，各资源要素集聚重庆，为重庆工业带来了发展良机。战时工业大批内迁，特别是 1938 年 10 月到1940 年 6 月，由宜昌经长江航运过三峡入川的大部分企业都布局在重庆，对重庆的工业建设起到了巨大的推动作用。同时战时工业物质需求的快速增长，内迁人口庞大的刚需增长，都刺激了重庆工业生产。国民政府制定的工业法规不断出台，对重庆工业的促进作用也非常明显。虽然 1943 年开始，受经济形势整体恶化、政府对工业扶持力度的减低、战争的持续以及长期轰炸等原因影响，重庆工业发展有了一定的下滑，但是无论从中国工业史还是重庆城市史角度观察，重庆在抗战时期的工业规模都有了大幅提高，成为大后方的工业中心，这也是重庆工业发展史上的第一个高峰期[①]。

（三）重庆现代工业体系的构建：三线建设使重庆成为举足轻重的现代化工业城市

1964年5月15日到6月17日，中共中央召开工作会议，决定集中力量进行大"三线"建设。全国计划工作会议宣布：把重庆建设成为常规武器和某些重要机器设备的基地、造船工业基地，逐步建立西南的机床、汽车仪表和直接为国防服务的动力机械工业中心[②]，将重庆建设成为西南"三线"地区的"小上海"[③]。1965年大规模的内迁开始，沿海大批企事业单位迁往重庆，同时从1964年下半年至1967年，国家安排了59条大的骨干项目和配套项目的新建和改扩建。重工业结构发生了巨大的变化，工业体系日渐完善，形成了冶金、机械、化工、纺织、食品五大支柱产业和门类齐全的现代工业体系。第二次工业发展的高峰使重庆一跃成为中国举足轻重的现代化工业城市，为建设长江畅游经济中心奠定了坚实的基础。

---

① 何一民：《抗战时期西南大后方城市发展变迁研究》，重庆出版社，2015年，第169页。

② 杨超：《当代中国的四川（上）》，当代中国出版社，1990年，第135页。

③ 薄一波：《若干重大决策与事件的回顾（下卷）》，中共中央党校出版社，1993年，第1203页。

第二节　近代工业初创与长江上游工商重镇的形成（1891—1929）

　　从清末重庆开埠到 1929 年重庆正式建市，重庆近代工业经历了从无到有的阶段，工业异军突起，为重庆乃至全国经济发展注入了新的活力。

　　重庆近代工业产生与重庆对外开放紧密相关。1869 年，英国商人和政府代表抵达重庆，为强迫清政府开放重庆做准备。1876 年《中英烟台条约》规定："四川重庆府可由英国派员驻寓，查看川省英商事宜。"① 1890 年，《中英烟台条约续增专条》规定："重庆即准作为通商口岸无异。"翌年 3 月，重庆海关成立，重庆正式开埠。自此，重庆进出口商品急剧增长，城乡商品经济迅速发展，从而为重庆近代工业的产生提供了市场、资金和技术条件。开埠当年，重庆第一家近代工业即宣告诞生。

一、初创时期重庆工业主要行业与重要企业

　　重庆近代工业诞生于重庆开埠时期，火柴业是出现在重庆的第一个工业，初创时期重庆工业的主要行业有火柴、缫丝、棉织、玻璃、猪鬃、电力、面粉、肥皂、制药、采煤以及冶金等。其中，火柴、缫丝、棉织业等在全国占有重要地位。《1902—1911 年重庆海关十年报告》记载，到 1911 年重庆的各类新式工厂比较确切的有 53 家。重要企业如下：

　　森昌字号：1891 年，由商人邓云笠等人创办于王家沱和大溪沟，是重庆第一家近代企业，也是四川省乃至整个西南地区第

---

　　① 黄同波：《中外条约汇编》，商务印书馆，1935 年，第 15 页。

一家近代民族企业。《重庆海关一八九一年调查报告》载明："重庆现有两厂经营，工头是宁波人。磷、玻粉等材料来自上海，木材和硫磺取自当地。做火柴盒是雇用很多妇女儿童。火柴质量低劣，不足抵制外货。"[1] 这两家火柴厂正是森昌泰和森昌正火柴厂。

蜀眉丝厂：1908 年，由革命志士石青阳创办于南岸界石乡，采用日本进口蒸汽机械缫丝，是重庆第一家机械缫丝厂，也是四川第一家使用蒸汽机械缫丝的企业。

鹿嵩玻璃厂：1906 年，由爱国实业家何鹿嵩创办于江北刘家台，所有机器设备都来自日本[2]，是重庆乃至整个西南地区第一家使用现代技术生产日用玻璃制品的玻璃厂，产品曾荣获巴拿马国际博览会一等奖。

立德洗房：开埠前后由英国商人立德创办于龙门浩，乃重庆第一家近代猪鬃加工厂，其"鸡牌"产品在国际上"一举博得善价"。

桐君阁药房：1908 年，由富商许健安创办于重庆市鱼市口巴县衙门附近（现解放东路 270 号），与北京同仁堂等大药房齐名。

烛川电灯公司：1908 年，由绅商刘沛膏、赵资生等创办，是重庆近代公用事业之始。1909 年，该公司的线路延伸到上半城一带的大街道，所发电量可供 16 支光电灯 16000 盏[3]。

重庆熔化工厂：1909 年，重庆商人李元贞、高伯瑜等出资兴办，设重庆熔化工厂，提炼纯白银铸川锭。

重庆电气炼钢厂：1919 年，四川督军熊克武在铜元局创办钢铁厂，是重庆第一家官办的钢铁厂，后由四川省省长刘湘接

---

① 隗瀛涛、周勇：《重庆开埠史》，重庆出版社，1983 年，第 83 页。

② 何鹿嵩：《鹿嵩玻璃厂四十年回顾》，《重庆工商史料选辑（第二辑）》，1962年，第 179 页。

③ 杨大金：《近代中国实业通志》，钟山书局，1933 年，第 530 页。

办，1936 年，在磁器口建成重庆电气炼钢厂。

1891—1929 年重庆工业具有代表性的行业有火柴业、棉纺织业、缫丝业、电灯业、矿业、玻璃业、制造业（见表 5-2）。

表 5-2　1891—1929 年重庆工业情况

行业	年份	重要企业	创设人	地点	简介
火柴业	1891 年	森昌洋火公司（森昌正、森昌泰）	邓云笠、李南城、卢干臣	王家沱、大溪沟	1889 年在日本创立，1891 年回到重庆集股成立森昌洋火公司，在王家沱、大溪沟设两个厂
	1893 年	聚昌自来火公司			
	1900 年	立德燧火柴厂	周坤培		
	1902 年	丰裕火柴厂		江北溉澜溪	出产硫磺火柴，最高月产量 150 箱
	1903 年	杨海珊火柴厂	杨海珊	南纪门外晒坝	
棉纺织业	1900 年	吉厚祥布厂	印用卿	江北沙湾	木机二十四台，商标为"五福"
	1900 年	纺织公社、裕源厂	孙荣、张柱臣等		1900 年成立纺织公社，1901 年改名裕源厂
	1903 年	振华毛葛巾厂	白汉周		
	1904 年	幼稚染织厂	高少农	南岸觉林寺	注册商标"宝塔牌"
	1905 年	复原布厂	曾应之	江北簸箕石	拥有铁轮织布机 105 台
	1908 年	协利	苏炳章	南岸弹子石	拥有铁轮织布机 105 台

续表5-2

行业	年份	重要企业	创设人	地点	简介
缫丝业	1908年	蜀眉丝厂	石青阳	南岸界石乡	采用日本进口蒸汽缫丝机
	1910年	重庆诚成丝厂	吴征恕		开办资金五万两,技术可和洋庄相比
	20世纪初	旭东丝厂	张明经	沙坪坝磁器口	1910年由温友松重建并扩大经营,更名为旭东蒸汽机械缫丝厂
电灯业	1908年	烛川电灯公司	刘沛膏、赵资生等		重庆近代公用事业之始
矿业	1899年	南岸矿务四合公司	文国恩等	南岸真武山	专办煤矿,兼掏沙金
	1905年	嘉泰公司	桂荣昌、杨朝杰等	总号设在重庆府城内,江北厅分设办事处	1908年更名为江合矿务有限公司
	1923年	三才生煤矿公司		原江北县(今渝北区)	
	1928年	宝源实业股份有限公司		北碚	
玻璃业	1906年	鹿蒿玻璃厂	何鹿蒿	江北刘家台	产品曾荣获巴拿马国际博览会一等奖
	1918年	江北华洋玻璃厂			

行业	年份	重要企业	创设人	地点	简介
制造业	1909年	长寿禁烟改种纪念公司			拥有资本238000两
	1906年	奎明洋烛公司	曾建棠等		
	1905年	富川制纸公司	陈崇功	南岸五桂石	专造洋纸、火彩盒用纸
	1905年	重庆铜元局	沈秉坤	南岸苏家坝	1913年正式投入生产，出品铜元，其间还生产过银元，是重庆最早创立的机械工业企业
	1909年	重庆熔化工厂	李元贞、高伯瑜等		提炼纯白银铸川锭
	1908年	桐君阁熟药厂	许健安	重庆市鱼市口（现解放东路270号）	与北京同仁堂等大药房齐名
	1910年	龙王洞水泥厂	程祖福	重庆府龙王洞	
	1907年	祥合肥皂厂			
	1928年	民生机器厂	卢作孚		
	1928年	重庆兵工厂	刘湘		

资料来源：根据《中国近代工业史资料》《四川经济参考资料》《1902—1911年重庆海关十年报告》等整理，作者自制

二、初创时期重庆工业的历史地位

由于对外开放晚，重庆近代工业的产生比东南沿海一带至少要晚30年左右，但在当时四川省乃至整个西南地区仍处于领先甚至主导地位，有些行业在全国也有一定影响。以火柴业为例，森昌洋火公司不仅是重庆第一家近代企业，也是四川省和整个西

南地区第一家近代民族企业。到 1935 年，全国共有火柴厂 99
家，其中四川省 12 家，而这 12 家中有 7 家就在重庆。在 19 世
纪末 20 世纪初火柴业初创时期，重庆就是内地火柴业的代表，
无论是企业创设时间还是工人人数、销售市场，在国内都占有相
当重要的地位，重庆火柴业资本规模仅次于天津和上海。

1921 年，重庆境内已有全部使用现代机器设备的缫丝厂 10
家，工人 3000 人。重庆不仅是四川棉纺织业中心，也是缫丝工
业的中心，成为近代中国缫丝工业四大中心之一，带动了四川其
他地区缫丝业的发展。《中国近代手工业史资料》统计，早在
1900—1905 年间，重庆的织布厂已占全国同类厂家的 30％以上，
而至 1911 年，四川其他地区仍不见有此类工厂。毛巾、宽布等
的大量销售标志着重庆人的日常生活用品构成有了一定的变化，
一直到抗战前夕，重庆棉织业的产量依然占全川的 66.66％；重
庆电力公司的资本，比四川省其余电力资本的总额（156.22 万
元）尚多 28％；烛川电灯公司的建立，不仅使重庆成为四川最
早使用电灯的城市，也是全国最早使用电灯的城市之一；1920
年前后，成都等四川其他地区，乃至云贵的一些玻璃厂都为鹿蒿
玻璃厂学生所创办；立德洗房生产的"鸡牌"猪鬃，更使四川猪
鬃享有国际声誉。

三、初创时期重庆工业对近代重庆城市形成的影响

1981 年重庆正式开埠，为重庆近代工业的产生提供了广大
的市场、相对充裕的资金以及先进的技术条件。近代工业的萌芽
和发展，使重庆传统手工业的格局被打破，电力水泥等基础工业
的出现，为近代重庆工业的发展奠定了坚实基础。城市功能和结
构也因近代工业的发展而发生了巨大的变化，重庆开始从一个传
统的半封闭城市向一个开放城市转变，由一个单纯的商贸城市向
长江上游的工商重镇转变。

（一）开埠是重庆近代工业兴起的契机

重庆开埠以前一直是区域性的商品集散地和贸易的中转站，是一个典型的商贸城市。受传统自然经济的影响，重庆的工业基本是传统手工业，现代意义上工业还处于空白，受落后的交通航运业的影响，重庆的城市经济一直没有突破性的大发展。1891年重庆开埠，相对封闭性的地区经济迅速受到外来力量的直接冲击，重庆的进出口贸易量激增（见图5-1）。同时由于科技的不断进步，轮船等近代新式交通工具进入了长江重庆段，航空和铁路运输的创建直接连接了重庆市场和世界市场，重庆城市商品经济发生了突破性的变化，刺激和促进了重庆近代工业的兴起和发展。

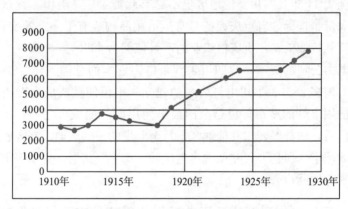

图 5-1　重庆对外贸易总值（万海关两）

资料来源：根据甘祠森《最近四十五年来四川省进出口贸易（1891—1935)》（民生公司经济研究室1936年版）数据整理，作者自制。

（二）近代工业体系的初步构建使重庆城市走上了近代化的道路

开埠之初，火柴厂、纺织厂、猪鬃加工厂相继建立。采矿业、玻璃陶瓷业、面粉业、纸张印刷业纷纷以近代生产技术和公司制企业在重庆出现。在这一过程中，近代机器制造业快速发展

第五章
重庆近现代工业发展的历史考察

起来，以钢铁、化工、煤炭、水泥为代表的基础工业也开始萌芽并快速发展，重庆的工业产业结构发生改变，新型工业体系初步构建，近代工业基础得以建立，重庆开始从传统城市的发展转型走上近代化城市的道路。

（三）近代工业的发展推动重庆市政建设从无到有

1927 年，重庆由商埠督办公署改为重庆市，设立市政厅。在此之前，重庆城区还没有市政设施。重庆基础工业的发展，为城市道路、码头、公共事业等基础市政建设创造了条件。1927年，重庆开始修建马路，并以马路建设为重点带动新开辟街道的片区建设。1921 年，重庆商务督办公署委托重庆烛川电灯公司在陕西街、朝天门、小什字等城区主要街道安装公用路灯 100 余盏①，开启了重庆公用照明事业。1927 年，中区干道修建时市政厅工务处委托重庆烛川电灯公司在干道两侧安装路灯 90 余盏。1926 年嘉陵码头和朝天门码头相继竣工，为重庆工商贸易进一步发展提供了条件。

（四）近代工业的发展促使重庆城市结构发生变化

开埠后的重庆，随着以近代商业、金融业、交通运输业、工业为主体的城市经济的发展，城市的社会结构也随之发生了巨大的变化。人口结构中工商业人口比重增加，社会组织中业缘关系逐步取代了血缘、地缘关系。这一阶段重庆的新式商人脱颖而出，并形成一个较为强大的社会集团。随着工业的进一步发展，重庆的新式商人开始向工业、金融业、运输业渗入，社会地位有了大大的提高，出现一批由商而工、亦商亦工的近代企业家。雇佣工人也随工商业以及交通运输业的发展而增多。新的社会阶级、阶层的出现推动了重庆城市的近代化进程。

---

① 重庆课题组：《重庆》，当代中国出版社，2008 年，第 22 页。

第三节　近代工业大发展与民国中后期
重庆经济中心的完全形成（1930—1949）

1929年重庆建市后，工业进入稳步发展阶段。1937年，抗日战争全面爆发后，随着第二次国共合作的形成和国民政府西迁，重庆成为中国战时首都、中共中央南方局所在地和世界反法西斯战场远东指挥中心，使重庆从一个偏居西南一隅的地域城市，一跃而成为中国的政治、经济、文化中心。因此，整个抗战时期，中国东部甚至中部的一些重要企业纷纷内迁，其中，仅迁到重庆的就有243家，占迁川工厂总数的93.46％，占内迁工厂总数的54％。这些内迁企业以其庞大的规模、雄厚的资金、先进的设备、强大的技术力量以及丰富的管理经验，与重庆本地的资源、市场和劳动力等优势相结合，兼之战时需求量大，便使重庆工业空前繁荣。从20世纪30年代末到40年中期，重庆工业经历了第一次发展的高峰，重庆经济中心形成。

一、近代工业大发展与民国中后期重庆工业主要行业、重要企业和主要科学研究机构

这一时期重庆工业发展有很明显的阶段性。第一阶段是1929年重庆建后到1937年，重庆工业发展进入稳步发展阶段；第二阶段是1937年到1942年，这一阶段重庆工业进入繁荣期，正是这短短的几年，奠定了重庆工业重镇的地位；第三阶段是1942年到1949年，由于种种不利因素的限制，重庆的工业形势进入不同程度的停滞和衰退[①]。

[①]　何一民：《抗战时期西南大后方城市发展变迁研究》，重庆出版社，2015年，第146页。

（一）主要行业

这一时期重庆工业门类齐全，有中国"32业之家"的美誉，主要工业行业有兵器、钢铁、机器、化工、电力、煤炭、建材、纺织以及食品等。其中，兵器业处于全国中心地位，纺织业则是发展最快、规模最大的轻工行业（见表5-3）。

表5-3　重要行业及工业一览表

行业	主要企业
机器业	黄运兴机器厂、国记方兴发机器厂、达飞机器厂、严富财钢铁翻砂厂、精一科学器械制造厂、中国兴业公司机器部、合成机器厂、上海大来机器厂、同益丰机器制造厂、渝鑫钢铁厂、震旦机器铁工厂、合作五金制造厂、中国实业机器制造厂、大公铁厂、恒顺机器厂、大川实业公司、福裕钢铁厂、民生机器厂
冶金业	渝鑫钢铁厂股份公司、中国铸造厂、新和铁工厂、森记铁工厂、上川钢铁厂、东原实业公司、中国制钢公司
兵器工业	军政部兵工署第一工厂、军政部兵工署第二工厂、军政部兵工署第十工厂、军政部兵工署第十一工厂、军政部兵工署第二十工厂、军政部兵工署第二十一工厂、军政部兵工署第二十四工厂、军政部兵工署第二十五工厂、军政部兵工署第二十六工厂、军政部兵工署第三十工厂、军政部兵工署第四十工厂、军政部兵工署第四十二工厂、军政部兵工署第五十工厂
能源工业	天府矿业股份有限公司、江合煤矿公司、复兴隆煤矿公司、同发工煤厂、义中和煤矿、全记煤铁厂、南桐煤矿
化学工业	永新化学工业公司、义华烛厂、中国肥皂厂、军政部兵工署经济部资源管理委员会动力油料厂、民生实业公司炼油股、运中炼油厂、天原电化厂、中国植物油料厂股份有限公司、中南橡胶总厂、中央造纸厂
纺织工业	豫丰纺织公司重庆纱厂、申新第四纺织厂、武汉裕华总公司、重庆裕华纱厂、大明纺织染公司、中国纺织公司
其他工业	重庆天厨味精厂、天城面粉厂、南洋兄弟烟草股份有限公司重庆分厂、中国粮食工业公司

资料来源：根据重庆市档案馆、重庆师范大学《战时工业》第337～665页数据整理，作者自制。

（二）重要企业

军政部兵工署第一工厂［即后来的国营建设机床制造厂，1991年12月，工厂改制，成立建设工业（集团）公司］。其前身为汉阳兵工厂，1940年迁鹅公岩，主要生产步枪等。

军政部兵工署第十工厂（即后来的国营江陵机器厂，1994年，经兵器工业总公司批准，国营长安机器制造厂、国营江陵机器厂合并，成立长安汽车有限责任公司）。其前身为湖南江陵机器厂，1938年迁忠恕沱，主要生产迫击炮等。

军政部兵工署第二十一工厂（1951年，原第二十一兵工厂更名为中央兵工总局国营第四五六厂；1957年，设第四五六厂第二厂名为国营长安机器制造厂；1994年，经兵器工业总公司批准，国营长安机器制造厂、国营江陵机器厂合并，成立长安汽车有限责任公司）。该厂由金陵兵工厂和汉阳兵工厂合组而成，总厂设陈家馆，主要生产步枪等，为当时最大兵工厂。

军政部兵工署第二十四工厂（重庆解放后先后更名为西南工业部第一〇二厂、重庆第二钢铁厂、一〇二钢厂等，1978年11月，改称为重庆特殊钢厂）。其1937年投产，炼出西南地区第一批电炉钢，为后方最大的兵工用钢冶炼轧制厂。

军政部兵工署第二十五工厂［重庆解放后更名为国营嘉陵机器厂，1987年成立中国嘉陵工业股份有限公司（集团）］。其前身为上海龙华枪子厂，1938年由湖南株洲迁张家溪，主要生产枪弹和手榴弹等。

军政部兵工署第二十工厂。其前身为济南兵工厂，迁渝后在王家沱建厂，主要生产手榴弹等。

军政部兵工署第五十兵工厂（重庆解放后更名为国营望江机器制造厂、望江机器制造总厂，2013年成立重庆望江工业有限公司）。该厂原为广东第二兵工厂，迁渝后在郭家沱建厂，主要生产炮弹等。

钢铁厂迁建委员会。1938 年 3 月 1 日，国民政府组建钢铁厂迁建委员会，钢铁厂迁建委员会以重庆大渡口为厂址建设新厂，由汉阳铁厂、六河沟铁厂、上海炼钢厂等近代重要民族工业内迁渝组建而成，1949 年 3 月更名为军政部兵工署第二十九厂，重庆解放后，1951 年更名为"西南工业部第一〇一厂"，1955 年 2 月与西南钢铁公司合并成立"西南钢铁公司"，同年 4 月改称"重庆钢铁公司"。1992 年 12 月，重庆钢铁集团成立，1995 年 6 月，重庆钢铁集团建立母子公司体制，"重庆钢铁（集团）公司"更名为"重庆钢铁（集团）有限责任公司"，重庆钢铁（集团）有限责任公司为重庆钢铁集团的母公司。

中国兴业公司。其前身即重庆华西兴业股份有限公司，是后方最大的官商合办钢铁联合企业，规模仅次于钢铁厂迁建委员会。

民生机器厂（1951 年民生机器厂完成公私合营，更名为重庆民生造船厂，2005 年更名为重庆长航东方船舶工业公司）。该厂由卢作孚创办于 1928 年，其造船技术在后方首屈一指，也是大后方最大的民营机器厂。

恒顺机器厂（1952 年私营恒顺机器厂、洪发利机器厂、协昌机器厂合并为公私合营西南工业部二〇六厂。1957 年被国家第一机械工业部命名为重庆水轮机厂，1998 年更名为重庆水轮机厂有限公司）。该厂由汉阳迁渝的恒顺机器厂和重庆民生实业公司合组而成，是大后方设备最好的工厂之一。

中国汽车制造公司华西分厂（新中国成立后改名为西南工业部二〇一厂，1963 年更名为重庆机床厂，2005 年组建重庆机床集团）。该厂 1938 年迁李家沱。

重庆中南橡胶厂。抗战中期，该厂由爱国华侨创办于化龙桥，填补了后方橡胶工业的空白。

重庆天原化工厂。该厂原设于上海，1940 年迁董家溪复工，以氯碱产品供应抗战后方的需要。

豫丰纺织公司重庆纱厂（即后来的重庆第一棉纺织厂）。1938年，该厂由郑州迁土湾。

武汉裕华总公司重庆裕华纱厂（即后来的重庆第三棉纺织厂）。1938年，该厂由武汉迁往弹子石。

重庆电力股份有限公司。1934年，该公司由重庆各界要人创办于大溪沟，官商合办，为当时四川省31个电厂中最大的发电厂。

天府矿业股份有限公司。1932年，爱国实业家卢作孚等人将原江北县北川铁路沿线的小煤矿合并组成天府煤矿股份有限公司，为当时四川省最大的采煤企业。

（三）主要科学研究机构

这一时期，重庆除了拥有大量的工业企业，还有大批科学社团迁渝或者在渝成立（见表5-4、表5-5），为重庆工业发展提供了强大的智力支持。

表5-4　抗战期间在渝主要科学机构一览表

编号	机构名称	成立时间	迁渝时间	备注
1	国立中央研究院	1924年	1937年	
2	中国西部科学院	1930年	1930年	成立于重庆
3	经济部中央工业试验所	1930年	1937年	
4	经济部矿冶研究所	1938年	1938年	
5	西南联合工业研究社	1938年	1938年	成立于重庆
6	中央农业试验所	1922年	1943年	
7	四川省立教育学院农业教育系	1938年	1938年	成立于重庆
8	清华大学无线电研究所	1936年	1938年	
9	中国科学社生物研究所	1922年	1938年	
10	中央地质调查所	1912年	1938年	
11	国防科学技术策进会	1942年	1942年	成立于重庆

资料来源：根据资料档案整理，作者自制

表 5-5　抗战期间在渝主要科学社团一览表

编号	社团名称	成立时间	迁渝时间
1	中国科学社	1915 年	1938 年
2	中国工程师学会	1931 年	1938 年
3	中国地质学会	1922 年	1935 年
4	中国化学学会	1932 年	1938 年
5	中国物理学会	1932 年	
6	中国天文学会	1922 年	1938 年
7	中国地理学会	1934 年	1937 年
8	中国气象学会	1922 年	1938 年
9	青年科学技术协会	1940 年	1940 年
10	中华农学会	1917 年	1938 年
11	中华自然科学社	1927 年	1937 年
12	中国药学会	1910 年	1942 年
13	中国水利工程学会	1931 年	1941 年
14	中国植物学会	1933 年	1933 年
15	中国博物馆学会	1935 年	

资料来源：根据资料档案整理，作者自制

二、近代工业大发展与民国中后期重庆工业的历史地位

迁建工作刚开始时，重庆只有 27 家工厂，整个西部亦仅有 237 家。而到 1944 年 2 月，重庆已有 451 家工厂，"经营工厂成为一个最时髦的运动……一时小规模之工厂，风起云涌，对于机

器、原料和技工的争夺，造成过空前的工业繁荣"①，重庆工业
重镇的地位由此奠定。当时重庆工业产品几乎占整个后方工业生
产的一半以上，对于一些重要产品重庆的生产能力更高达 80%
以上，有的甚至只有重庆能够生产（见表 5—6、5—7）。抗战时
期的重庆不仅保存了中国近代工业的精华，而且为抗日战争取得
全面胜利做出了不朽的贡献。这一时期的工业遗产构成了重庆近
代工业遗产的主体。

表5—6　1940年大后方11个工业区工厂数比较（家）

	机器	冶炼	电器	化学	纺织	其他	合计
大后方	312	93	47	361	282	259	1354
重庆	159	17	23	120	62	48	429
川中	16	23	3	100	31	14	187
广元	2	3	0	1	1	0	7
川东	8	20	0	4	4	2	38
桂林	17	4	8	8	23	7	67
昆明	11	6	7	25	18	13	80
贵阳	6	2	0	7	1	3	19
沅辰	49	3	3	7	2	2	69
西安	12	0	1	19	15	10	57
宝鸡	12	0	1	19	15	10	57
宁雅	6	1	0	9	3	0	19
甘青	3	1	0	1	8	7	20
其他	23	13	2	60	111	153	362

资料来源：1941年3月经济部在国民参政会所作《经济部报告》

---

① 《重庆陪都之重要意义》，《国民公报》，1940年9月11日。

表 5-7　1945 年重庆工业地位比较

	重庆	占四川（%）	占西南（%）	占大后方（%）
工厂（家）	1000	60.0	51.5	28.3
资本（亿元）	272.6	57.6	45.6	32.1
工人（万人）	10.65	58.0	47.9	26.9

资料来源：隗瀛涛《近代重庆城市史》，四川大学出版社 1991 年版第 262 页

抗日战争全面时期重庆成为中国的"工业之家"，从经济发展和物质生产上有力地支援了抗日战争，极大地改变了中国的生产力布局，完成了当时国家工业战略转移的任务，并与其他经济活动一起，拉开了中国西部大开发的序幕。重庆工业的繁荣成为推动重庆早期现代化和城市化的最大力量。

三、近代工业大发展与民国中后期重庆工业对重庆大都市建设的影响

（一）确立了重庆工业重镇的地位

抗战爆发之前，中国现代工业主要分布在发达地区、东部沿海及长江中下游一带，内地工业十分薄弱。为了避免在战争状况下工业企业遭受敌军摧毁，保存国家工业实力，在国防最高委员会和实业部的具体主持下，工业由东部沿海及长江中下游向内地转移。大批企业内迁，改变了当时中国既有工业格局，也奠定了重庆工业重镇的基础。工业内迁不仅包括机器和物资，还有一大批具有现代意识的企业家、工程师及技术工人，他们的管理方法和科技水平是工业得以发展的保证。这一时期中外科技交流为重庆工业发展做出了巨大贡献。以英美为首的盟国在抗战时期给予中国技术输出，来自公共卫生、水利、水土、电力、机械矿冶等领域的专家纷纷来华帮助战时中国的生产建设。重庆部分工矿企

业如中央造纸厂、资渝炼钢厂、重庆电化冶炼厂、渝兴钢厂得到了专家的援助和指导，国外专家通过讲学、发表演讲、对工艺提出意见给予具体指导等方式，对工矿企业改进工艺、提高生产效率做出了贡献。同时科技管理人员出国考察、公派实习生出国进修等举措，也为抗战时期重庆的工矿企业发展打下了良好的基础。这些中外科技交流举措，使重庆工矿企业在抗战期间飞速发展，奠定了当代中国工业重镇的基础。

（二）影响了重庆城市文化生态

由于科学机构和团体的大部分专家都拥有国外留学背景，他们的生活方式较重庆居民更为西化，为重庆城市社会带来了新鲜气息，促进了市民的衣食住行等生活习俗的变化。比如市民服饰由清代服饰向现代服饰转换，比如城里的西餐厅大量增加。其中因科技交流带来最大的变化是重庆的出版业得到了迅速的发展，读书成了这个城市市民一大生活休闲方式。如从南京迁来的中央书店、拔提书店、正中书局、军用书局等，从上海迁来的生活书店、上海杂志公司等，从汉口迁来的新生书店、华中图书公司等，这些新书店集中了全国战时读物之大成。加之当时内迁的科学机构和科学团体出版的各种普及型的读物，既为市民读书提供了方便，也有利于提高市民的科学文化素质。

第四节　现代工业奠基与当代重庆工业城市格局的初显（1950—1963）

20世纪50年代初至60年代中叶，经过"一五""二五"建设，重庆工业又得到恢复与发展，现代经济结构初步形成，工业重镇地位进一步巩固。

一、"一五"时期重庆工业主要行业与重要企业

"一五"期间，国家工业生产力布局的重点是在工业和经济实力较强的东北地区、上海及沿海其他城市。但由于重庆已经是西南地区最具实力和规模的工业城市，所以仍在重庆安排了大量的工业建设项目。这一时期，仅国家有关部委就在重庆投资 111 个工业项目，国家对重庆的投资占对四川全省投资额 26.67 亿元的 31%[①]。

在国民经济恢复的基础上，"一五"时期重庆工业主要行业有食品、机械、冶金、纺织和煤炭等业。其中，食品业在工业产业结构中的比重在 1957 年达到 29.78%，纺织达 13.24%。重庆电厂、长寿狮子滩水电站、重庆棓酸化工厂、长寿化工厂、重庆木材加工厂、重庆肉类联合加工厂以及重庆罐头厂等被纳入国家"一五"计划 156 个重点项目；同时，改扩建了重庆中南橡胶厂和重庆天原化工厂等企业，新建和扩建了重庆第一棉纺织厂、重庆第二棉纺织厂的织布车间，新建了西南地区第一对年产 60 万吨的竖井——鱼田堡一号井。改扩建后的一〇一钢铁厂成为当时西南地区最大的工业企业。从 1952 年开始，重庆对私营机械厂进行全行业公私合营，调整合并，形成重庆通用机器厂和重庆水轮机厂等企业（见表 5-8）。

---

① 方大浩：《长江上游经济中心重庆》，当代中国出版社，1994 年，第 117 页。

表 5-8 "一五"时期重庆大中型企业

项目类别	项目名称
国家重点项目	重庆电厂
	长寿狮子滩水电站
	重庆焙酸化工厂（重庆合成化工厂）
	长寿化工厂
	重庆肉类联合加工厂
新建项目	重庆钢铁公司大平炉工程
	国营重庆空气压缩机厂
	重庆六一〇棉纺织厂（重庆第一棉纺织厂、重庆第二棉纺织厂和重庆纺织印染厂）
改建扩建项目	綦江南桐矿务局南桐煤矿、北碚天府矿业公司天府煤矿、荣昌永荣矿务局永荣煤矿
	重庆特殊钢厂
	重庆钢铁公司綦江铁矿
新建轻工业	重庆热水瓶厂
	地方国营重庆电工器材厂（后改名为重庆灯泡厂）
	重庆搪瓷厂

资料来源：根据《四川省重庆市发展国民经济的第一个五年计划》档案资料整理，作者自制

二、"二五"时期重庆工业主要行业与重要企业

"二五"时期，重庆城市的发展目标是"把重庆建设成为一个机械制造、电机交通工具制造、重化工的综合性现代化城市"①。但是"二五"期间重庆工业的发展是在"以钢为纲"的方针下进行的，所以并没有完成建设综合性现代化城市的建设目

————————————

① 重庆市城建委：《重庆地区城市间初步规划说明书（草案）》，重庆档案馆藏。

标，而是成为"西南重化工业基地"。"二五"时期重庆工业主要行业有钢铁、煤炭、电力、机械以及化工等行业。

为了完成钢铁生产的高目标，这一时期重庆工业建设的投资重点便是重庆钢铁公司。从 1958 年到 1960 年三年时间，重庆钢铁公司进行了包括矿山、炼钢、轧钢、机修、动力以及耐火材料等项目在内的大规模基本建设，两座 620 立方米高炉分别于 1960 年和 1970 年投产。而中山堂转炉厂、虹桥院转炉厂、葛老溪转炉厂虽均于 1958 年建成投产，但都在 1961 年的经济调整中相继停产，设备另作他用。只有刘家坝转炉厂，1959 年投产，在 1961 年的调整中保留了厂房和部分设备。为配合重庆钢铁公司的扩建，还修建了大洪河电站，扩建了重庆发电厂，在石门、上桥等地建立和发展了通用机械工业区，在歇马场和海棠溪等地建立和发展了农业机械制造区。

三、新中国成立初期重庆工业的历史地位

重庆统计局的统计数据显示，1957 年重庆工业总产值占全国比重已达 1.99％，在九大城市中位居第五。"一五"时期的发展不仅奠定了重庆现代工业化的基础，而且作为全国性工业城市的作用也日益凸显，成为当代重庆城市发展史上的一个重要时期。

"一五"时期的重庆工业，尽管轻工业在绝对规模稳步扩大的同时，在工业内部的比重逐年下降，但工农业之间、轻重工业之间的比例大体上还是协调的，极大地满足了人民群众的生活需要。至"一五"结束，重庆工业产值年平均递增 25％，高于全国 18％的速度，工业重镇地位得到恢复与巩固，成为四川及西南钢材、水泥、煤炭等原煤、原燃料和轻工业产品基地（见图 5-2）。

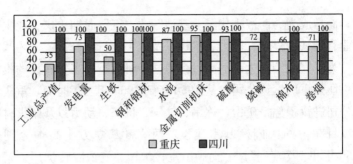

图 5-2 "一五"期间重庆四川工业生产比较

资料来源：根据《重庆市志》第四卷（上）第 7 页数据整理，作者自制

"二五"期间重庆工业投资明显向冶金、煤炭和机械工业倾斜，纺织、轻工业的投资幅度大幅下滑，从而导致轻重工业比重发生了巨大的变化（见图 5-3）。受计划经济影响，重庆作为西南地区的物资集散地的地位进一步下滑，历史上形成的长江上游中心的功能逐步丧失，城市功能严重萎缩。城市经济从工业、商业、金融、对外贸易综合发展向单一的工业城市发展转变。

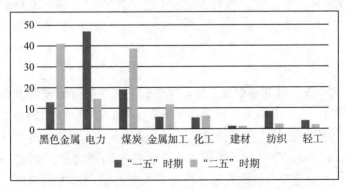

图 5-3 "一五"和"二五"时期重庆工业投资结构比较

资料来源：根据重庆市统计局《重庆市第二个五年计划时期经济情况汇报提纲》（重庆市档案馆藏，1082/3/575）相关数据整理，作者自制。

四、新中国成立初期重庆工业对重庆工业城市形成的影响

（一）"一五"期间初步奠定了社会主义现代工业基础

1949 年之前，重庆虽然已经是全国知名工业城市，但是工业基础薄弱、工业技术水平落后、产品质量不高、产品单一、企业管理水平差。"一五"期间重庆工业基本建设规模得到了扩大，工业发展速度加快，生产力水平有了一定的提高。现代经济结构初步形成，初步奠定了重庆社会主义现代工业基础，这一时期也成为重庆改革开放前城市建设最为辉煌的时期。

（二）"二五"期间重工业的快速发展使城市功能萎缩

这一时期由于重工业的快速发展，大量人口进入城市，非农业人口和产业工人的人数激增，城市人口规模增长。而城市建设资金严重不足，加剧了城市发展的矛盾。农业和轻工业减产造成农副产品和生活日用品供应紧张，城市建设资金不足导致交通基础设施陈旧，城市交通情况恶化，城市发展不堪重负。供应水平发展低下导致城市吸纳能力和承载能力不断下降。

第五节　现代工业发展与综合性工业城市的形成（1964—1983）

从 20 世纪 60 年代中期到 80 年代中期，由于国家进行三线建设，重庆工业经历了第二次发展的高峰，重庆一举成为国内举足轻重的现代化工业城市。

1964 年，为了加强战备，经略后方，同时也为了调整全国工业布局，中央决定进行三线建设，决定用三年或者更多一点时间，把重庆地区，包括从綦江到鄂西的长江上游地区，以重庆钢

133

铁公司为原材料基地，建设成能够制造常规武器和某些重要机械设备的基地；以重庆为中心，逐步建立西南的机床、汽车、仪表和直接为国防服务的动力机械工业。为此，中央决定，要把新建项目都置于三线地区，并把沿海能搬的重要项目都重新迁到内地。从 1964 年到 1966 年，据不完全统计，涉及中央 15 个部委的近 60 多个企事业单位，从北京、上海、辽宁和广东等 12 个省市迁至重庆地区。除此之外，从 1964 年到 1967 年，国家还在重庆地区安排了 59 个大的骨干项目和配套项目的新建和改扩建。三线建设为重庆工业的再度繁荣带来一个新的契机。

一、三线建设时期重庆工业主要行业与重要企业

三线建设时期重庆工业主要行业有兵器、船舶、电子、航天、冶金、化工以及机械等业，其中仍以兵器制造业为主。在兵器业方面，重庆原有的老兵工厂如国营长安机器制造厂、国营望江机器制造厂、国营江陵机器厂、国营嘉陵机器厂、国营建设机床厂、国营重庆空气压缩机厂和国营长江电工厂，纷纷建成新的生产线，并新建四川红山铸造厂、国营庆岩机械厂等 14 个机械厂。船舶业方面，建成国营重庆前卫仪表厂、国营重庆造船厂等企业。电子和航天业方面，改扩建国营重庆无线电厂、国营重庆微电机厂和重庆巴山仪器厂等企业。冶金业方面，改扩建重庆钢铁公司、重庆特殊钢厂、国营重庆三江钢厂，新建西南铝加工厂、重庆铜管厂，恢复重庆铝厂。化工业方面，新建四川维尼纶厂、四川染料厂等企业，改扩建重庆天原化工厂、长寿化工厂和重庆化工厂等企业。机械业方面，改扩建重庆矿山机器厂、重庆起重机厂等企业，新建四川仪表总厂、重庆试验仪器设备厂等企业。

这一时期重庆新建企业有几种主要类型（见表 5-9）：一是迁建来渝企业，采取整体搬迁和部分搬迁形式。整体搬迁即原厂

全部内迁至重庆,部分搬迁则是部分车间或者工段迁至重庆与重庆企业合并,或者在重庆选址修建新厂。二是国家安排的 59 个大的骨干项目或者配套项目的新建和改扩建。

表 5-9　三线建设期间重庆工业企业一览表

项目类型	系统/行业	主要企业
迁建企业	冶金部	重庆钢铁公司第四钢铁厂、中国第一冶金建设公司、中国第六冶金建设公司
	煤炭部	中梁山煤矿洗选厂
	一机部	四川汽车发动机厂、华中机械厂、重庆仪表厂、杨家坪机器厂、江北机器厂、汽车工业公司、北碚仪表厂、四川汽车制造厂
	五机部	国营重庆陵川机器厂、国营重庆平山机器厂、国营双溪机器厂、国营晋林机器厂、国营明光机器厂、国营重庆华光机器厂、国营重庆金光仪器厂
	六机部	国营重庆新乐机械厂、国营重庆清平机械厂、国营江云机械厂、国营长平机械厂、国营永平机械厂、国营武江机械厂
	八机部	国营红岩机器厂、国营重庆浦陵机器厂、海陵配件一厂、海陵配件二厂
	石油部	重庆一坪化工厂
	化工部	重庆长江橡胶厂、重庆西南制药二厂、重庆油漆厂、四川染料厂、西南合成制药总厂
	交通部	第二服务工程处
	地质部	重庆探矿机械厂、重庆地质仪器厂
	纺织工业部	重庆合成纤维厂
	建筑材料部	嘉陵玻璃厂
	建工部	第一工业设备安装公司
	铁道部	第一大桥工程处
	邮电部	上海邮电器材厂

续表5-9

项目类型	系统/行业	主要企业
改造企业	兵工业	国营长安机器制造厂、国营望江机器制造厂、国营江陵机器厂、国营建设机床厂、国营重庆空气压缩机厂、国营长江电工厂、国营嘉陵机器厂
老厂包建新厂、独立新建	机械业	四川红山铸造厂、国营庆岩机械厂、国营庆江机器厂、国营晋江机械厂、国营青川机械厂、国营华川机械厂、国营红宇机械厂、国营青山机械厂、重庆华江机械厂、国营长风机器厂、重庆益民机械厂、重庆虎溪电机厂、重庆渝州齿轮厂、重庆起重机厂、重庆标准件厂、四川仪表总厂
	船舶业	国营重庆前卫仪表厂、国营重庆造船厂、国营重庆重型铸锻厂、国营重庆油泵油嘴厂、国营重庆红阳机械厂、国营四川齿轮厂
	电子工业	国营重庆无线厂、国营重庆微电机厂、重庆巴山仪器厂
	冶金	西南铝加工厂
	化工	四川维尼纶厂、重庆氮肥厂、重庆磷肥厂、永川化工厂

资料来源：根据方大浩《长江上游经济中心重庆》数据整理，作者自制

二、三线建设时期重庆工业的历史地位

从 1964 年到 1966 年，据不完全统计，涉及中央 15 个部的企事业单位从北京、上海、南京、广东、辽宁等 12 个省市迁往重庆地区，内迁职工达 43488 人[①]。三线建设在重庆境内共投资 118 个重点项目和 60 家重点骨干企业。除了国防工业项目外，还有 88 个配套的民用工业项目，从而使重庆形成了以机械、冶金、化工、食品和轻纺为主体的较为完备的工业体系，并改变了

---

① 方大浩：《长江上游经济中心重庆》，当代中国出版社，1994 年，第 184～185 页。

以往工业企业主要集中于城区的不合理状况。三线建设推动重庆成为全国最大的常规兵器生产基地与全国最大的军工城市，工业固定资产值跃居全国第五位。

到1980年，三线建设新建企业，加上原有的老兵工厂，重庆地区共有38个军工企业和科研院所，从而使重庆每万名职工所拥有科技人员数量比沿海地区高出3～4倍。改革开放后，这些企业经过调整改造，在向军民结合型转轨中发挥了巨大潜能，形成了诸如摩托车、微型车和小轿车等在全国颇有竞争力的拳头产品，对振兴重庆经济发挥了极其重要的作用。

三、三线建设重庆工业对重庆城市的影响

（一）完成现代工业体系构建，形成综合性工业城市

一大批迁建、新建、改建、扩建项目的建设，使重庆工业进入了继抗战时期后的第二个工业高峰，工业基础增强，产业结构发生了改变，工业体系日趋完善，形成了以国防工业、民用机械工业、冶金工业、化学工业为骨干，轻纺工业为辅的工业结构体系（见图5-4），成为西南地区和长江上游的综合性工业城市。

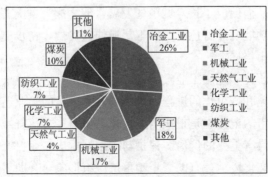

图5-4　1974年重庆工业分行业固定资产值结构
资料来源：重庆市计划委员会，《汇报提纲》（重庆市档案馆藏，1980/2/563），作者自制

（二）城市建设与工业建设脱节

三线建设期间，一大批沿海企业内迁，一大批本地企业新建改扩建上马，重庆人口短时期内快速增长，如前文所述，从1964年到1966年，中央部委的15个部内迁职工就达43488人。一方面重庆人口爆炸式增长，另一方面这一时期城市建设资金极度短缺，导致新中国成立初期就未能解决的城市问题更加突出，城市基础设施和公用设施极其短缺，城市建设与工业建设严重脱节。

（三）重大工业项目带动城镇建设

由于许多重大项目落户重庆周边郊县，不仅拓展了重庆中心城区，而且在"嵌入式"工业化的强劲推动下，交通条件逐步改善，生活配套设施和城镇商业区的建设逐步完善，使重庆一批小城镇在工业建设的推动下得到了较大发展，北碚、綦江、长寿、巴县西彭、大足双桥等小城镇迅速崛起。比如在北碚，因四川仪器仪表总厂以及下辖的10多个分厂的迁入，使北碚成为重庆仪器仪表的工业基地，并促进了北碚城镇的发展。三线建设则使长寿集中了四川染料厂、四川维尼纶厂、长寿化工厂等一批化工骨干企业，从而促成了长寿城镇的发展，使之成为重庆著名的化工卫星城。功能各异特色鲜明的卫星城快速发展，初步奠定了当代重庆大城市格局。

综上所述，重庆工业发展的辉煌历史，见证了重庆乃至西南地区工业化和城市化的进程，留下了许多宝贵的工业遗产，讲述着重庆城市的记忆，是重庆历史文化名城诸多文化符号的重要组成部分，具有重要的价值。保护与利用好重庆工业遗产，有助于重庆城市文化传承，有助于重塑重庆城市形象，有助于重庆经济的发展。

第六章　重庆工业遗产的资源现状

作为国内重要的工业城市，重庆的工业用地占城市总用地的比例高达到 30％以上，重庆市域内老工业用地上遗存了大量的工业遗存。抗战时期和三线建设时期遗存下来的工矿企业是重庆工业遗产的主要组成部分，其中规模较大的工业遗产有主城区的国营建设机床厂、国营嘉陵机器厂、重庆特殊钢厂、重庆钢铁公司型钢厂等，其厂区的面积往往达到数平方公里，内部集中的工业遗存类别繁多、体量庞大。

第一节　重庆工业遗产资源分布

重庆的工业遗产分为两大类：一类是非物质形态的工业遗产，包括各企业厂史、设计工艺图纸、军工器械设计图纸等历史文献和档案，以及生产工艺和流程。一类是物质形态的工业遗产，包括工业建筑和工业设备等。非物质形态工业遗产往往附着于物质形态的工业遗产之上，本节梳理了重庆物质形态工业遗产资源的分布，非物质形态工业遗产分布大致相同。

重庆工业遗产数量较大，根据重庆工业发展历史和现场调研梳理，目前工业遗产多数集中在国有企业。随着市场经济的不断发展和国有企业的改革深化，除万州、涪陵、江津、长寿、綦江等少数工业基础较好的区县外，大多数远郊的老工业企业或者破产，或者搬迁到区位条件相对较好的其他地区，到 20 世纪 90 年代中后期，大多数老工业企业都布局在城区及近郊区域。

一、重庆工业遗产年代分布格局

（一）近代工业初创期［重庆开埠（1891年）至重庆正式建市（1929年）］工业遗产分布

无论外资工厂还是本地企业，在重庆建厂选址都本着以沿江、就近港口码头、远离老城区为基本原则。当时陆运和空运均不发达，最适合货运的交通方式是水运，为了充分利用长江和嘉陵江两条水上大通道，工厂设置在沿江和就近港口码头的位置以方便利用水上大通道进行运输，同时还可以避免与老城区拥挤。如南岸龙门浩的立德乐洋行、王家沱的新利洋行和又新丝厂、大溪沟的森昌正火柴厂、南岸苏家坝的重庆铜元局、刘家台的鹿蒿玻璃厂等，纷纷在沿江、就近港口码头、远离老城区建厂。1905年建厂的重庆铜元局，选址在距主城区一江之隔的南岸苏家坝江边，修建了当时堪称规模宏大的厂房，在厂区右侧江边修建了专用装卸运输码头，整个铜元局厂区就倾斜的山地平整筑成两层台地，上面一层为铜元局署衙，下面一层是生产区，为英制、德制设备各建厂房分列左右。

采矿业的分布虽然地域上更为广泛，但是仍然是沿袭沿江分布，除重庆商埠及其附近的巴县、江北厅等地外，还涉及万县、开县、云阳、巫山、大宁乃至整个长江三峡地区。1899年英国会同公司旗下的企业遍布三峡地区，1903年法国的华利公司就已经把企业开到了巫山、大宁、云阳、开县、万县等地。

但是这一时期的工业机械化程度不高，规模不大，工业整体生产力低下，处于工厂手工业到大机器工业之间，以工厂手工业为主。目前工业遗产主要以非物质形态为主，物质形态工业遗产有重庆自来水厂、英国亚细亚石油公司。由于年代久远，加之很多企业倒闭较早，所以目前这一时期更多的是遗址类型的工业遗产（见表6-1）。

表6-1　工业初创期工业遗产遗址类

名称	简介
沙坪窑遗址	古镇磁器口瓷器的主要生产点。清康熙元年（1662年），福建汀州连城县孝感乡江生礼兄弟三人在重庆巴县白崖镇青草坡建立。地址：现沙坪坝区磁器口镇西北青草坡
又新丝厂遗址	重庆开埠时期日商在王家沱日租界内开办的纺织厂
真武山吊洞沟煤矿	1890年开设，重庆最早的煤矿。地址：南岸真武山
森昌泰火柴厂	1891年开办，重庆近代第一家工厂。地址：南岸王家沱
烛川电灯公司	1906年开办，重庆第一家柴油发电厂。地址：渝中区普安巷
重庆铜元局	1905年开办，重庆第一家机械制造厂。地址：南岸铜元局
桐君阁药厂	1908年开办，我国著名药业企业。地址：渝中区解放东路270号
重庆自来水厂	1927年开办，重庆自来水之始。地址：渝中区大溪沟
南洋兄弟烟草公司遗址	1907年开办，现重庆中烟工业有限责任公司。重庆卷烟厂内
祥和公司肥皂厂	英国商人开办的四川第一家肥皂厂。1904年开办。地址：南岸区
民营烛川电灯公司	重庆第一次发电（100kW直流柴油发电）。1906年开办。渝中区普安巷

资料来源：根据资料整理，作者自制

（二）近代工业大发展与民国中后期工业遗产分布

这一时期，工业企业布局更多考虑城市建设和战时需要。重庆地区山峦起伏、地势崎岖不平，修筑道路成本较平原地区高出数倍。一年四季江水升降落差高达 30 余米，人力起卸不仅成本大，也无法完成大型机器设施的起卸。因此这一时期工业地域分布呈现三特点：第一个特点是沿长江、嘉陵江两岸，寻找平坦地势修建厂区，这一特点和工业初创时期相似。第二个特点则更具有重庆特色和时代特色，为了备战需要，沿江四五十公里的河谷隐蔽之处，开山凿岩建厂。比如大鑫机器厂、资渝炼钢厂、资蜀炼钢厂，都是人力填平山谷或者开山凿岩。磁器口、相国寺和唐家沱等地的兵工厂，把生产车间设置于人工凿的隧道之中，构成了先进的坑道生产自动线网①。第三个特点是分散布局，在考虑工厂安全的前提下，兼顾工厂原料获取、物资生产、设备供应和产品销售运输等诸多因素。

这一时期工业的骨干企业大都是内迁企业。《林继庸先生访问记录》谈道：在平常时期，工业择地只需考虑交通、电力、原料、销场、有关各业联系、技术及研究协助、劳工招雇、金融周转……在抗战时期，更需要特别注意国防及空袭问题；在迁厂时期，复工的时间问题又高于一切。在重庆附近竟找不到一块完好的平地……我们只能考虑到空袭安全、复工时间以及有关各行业的联系三点。大工厂的兴建，当然最好是在山谷之间而又交通便利，可以把重要机器藏在山洞中。但是这种现成的地方要让给国防事业至关重要的工厂去用。所以我们只找在市区附近三四十里的地方，交通稍微便利，地势稍得隐蔽。

抗战时期重庆新建了不少工厂，但是分布几乎与内迁工厂一致，靠山、临江、近郊、分散。这种空间分布对后来相当长时期重庆的工业空间分布和生产格局产生了重大影响（见表6-2）。

---

① 周勇：《重庆：一个内陆城市的崛起》，重庆出版社，1989 年，第 339 页。

表 6-2　抗战时期重庆市工厂地域分布情况

地域	企业数量（字）	百分比（%）
渝中半岛	389	28.7
弹子石	152	11.2
小龙坎	122	9
龙门浩	95	7.01
海棠溪	68	5.01
江北	61	4.5
化龙桥	61	4.5
溉澜溪	53	3.91
沙坪坝	53	3.91
相国寺	32	2.36
玄坛庙	27	1.99
菜园坝	27	1.99
李子坝	20	1.47
磁器口	15	1.11
其他地区	181	13.34
总计	1356	100

资料来源：《陪都十年建设计划草案》第 63~65 页，作者自制

　　这一时期是重庆工业发展的第一个高峰期，为重庆积淀了大量的工业遗产，是重庆工业遗产的重要组成部分。钢铁厂迁建委员会、军政部兵工署第十工厂、军政部兵工署第二十四工厂、军政部兵工署第二十五工厂、军政部兵工署第一工厂等均为当时重庆的代表型企业，其物质形态工业遗产和非物质形态的工业遗产都具有极高的价值。

（三）新中国成立初期工业遗产分布

受制于重庆特殊的地理环境、较低的生产力水平，新中国成立初期工业分布基本没有太大的改变。由于陆路交通极为落后，重庆货运交通仍旧主要依赖于长江和嘉陵江两江水运，所以新增的工矿企业也不得不集中在两江沿岸和老城区。根据当时的统计分析，分布于一区（渝中区）的工矿企业占全市的30％，二区（江北区）占15.4％，三区（沙坪坝区）占14.9％，四区（南岸区）占5.3％，五区（九龙坡）占18.3％，六区（北碚区）占8.8％。与市区交界的巴县、綦江、合川、长寿等地区也分布了一些工矿企业。1952年，全市的240家仓库，接近一半分布在今天的渝中区，占44.6％，五区（九龙坡）占25％，二区（江北区）占15.8％①（见图6-1、图6-2）。

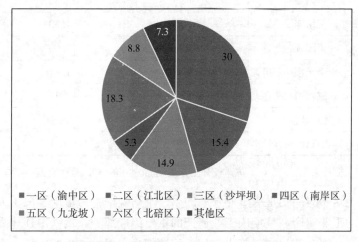

图6-1　新中国成立初期工矿业分布情况

资料来源：根据重庆课题组《重庆》数据，作者自制

---

① 重庆课题组：《重庆》，当代中国出版社，2008年，第96页。

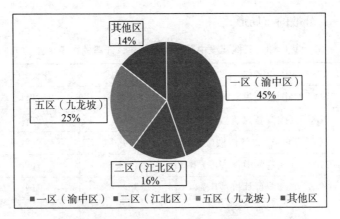

图 6-2　新中国成立初期仓库分布图

资料来源：根据重庆课题组《重庆》数据，作者自制

这一时期代表性的工业遗产有天府煤矿、四川仪表四厂、巴山仪表厂、重庆发电厂、501 仓库等。

（四）三线建设时期工业遗产分布

三线建设时期，重庆工业布局较之以往有了大的改变，新建工业不再集中城在城区。国防工业项目分机械分布在涪陵、南川、万盛、綦江等为主的 12 个县境内，交通、能源、仪表、冶金、电子、化工、建材等民用配套项目则集中于郊区（见表 6-3）。重庆工业布局较为科学地遵循了交通基础条件、自然资源条件，以原材料供应和市场导向而展开，构成了由西南—东北走向的长江与西北—东南走向的嘉陵江所组成的"两江工业带"和由川黔铁路、公路以及綦江河连接的綦江—南桐工业圈的布局，约70%的企业分布在半径 50 公里范围内①。因为"山""散""洞"的布局是不可能以企业为中心形成集镇的，所以三线企业呈小集

---

① 张凤琦：《论三线建设与重庆城市现代化》，重庆社会科学，2007 年第 8 期，第 80 页。

中、大分散的布局形式。

表 6-3　三线建设中部分重庆新建、迁建的军工企业

企业名称	建设方式	建设地点
405 厂（国营前进机械厂）	新建	江津
467 厂（国营新兴机械厂）	新建	江津
5067 厂（国营青江机械厂）	新建	江津
662 厂（国营前卫仪表厂）	新建	江北
157 厂（国营晋林机械厂）	新建	綦江
429 厂（国营重庆造船厂）	新建	南岸
468 厂（国营永进机械厂）	新建	江津
5007 厂（国营红山铸造厂）	新建	南川
5037 厂（国营红泉仪表厂）	新建	南川
5027 厂（重庆庆岩机械厂）	新建	南川
383 厂（国营益民机械厂）	新建	荣昌
246 厂（国营青山机械厂）	新建	璧山
5003 厂（国营华江机械厂）	新建	荣昌
236 厂（国营长风机械厂）	新建	江津
5007 厂（国营晋江机械厂）	新建	江津
466 厂（国营跃进机械厂）	新建	永川
465 厂（国营红江机械厂）	新建	永川
462 厂（国营永江机械厂）	新建	永川
5047 厂（国营渝州齿轮厂）	新建	綦江
5017 厂（国营庆江机械厂）	新建	綦江
479 厂（国营重庆重型铸锻厂）	新建	大渡口
5019 厂（重庆虎溪电机厂）	新建	沙坪坝
204 厂（国营华川机械厂）	新建	合川

企业名称	建设方式	建设地点
308厂（国营华光仪表厂）	新建	北碚
6905厂（国营华伟电子设备厂）	迁建	北碚
147厂（国营双溪机械厂）	迁建	綦江
167厂（国营陵川机械厂）	迁建	合川
5013厂（国营红宇机械厂）	迁建	铜梁
259厂（国营平山机械厂）	迁建	綦江

资料来源：根据重庆市经济委员会《重庆市志·国防科技工业志》整理，作者自制

这一时期可以划分为三个片区：

一是分布在以重庆为中心的南边，即綦江、万盛、南川一线的核心产业常规兵器工业，以国营长安机器制造厂、国营望江机器制造厂、国营江陵机器厂、国营建设机床厂、国营重庆空气压缩机厂、重庆长江电工厂、国营嘉陵机器厂为代表。

二是分布在以重庆为中心的永川、江津、涪陵、万县沿江一带的核工、船舶、电子、航天的支柱产业，以国营816厂、国营前卫仪表厂、国营重庆造船厂、国营川东造船厂、重庆长江涂装机械厂、重庆重型铸锻厂、四川柴油机厂、四二九厂等为代表。

三是分布在綦江、南桐、巴县、江津、永川、荣昌、大足、璧山、铜梁、北碚、长寿、合川等区县的山区及丘陵地区的冶金、化工、机械和交通的配套建设，以西南铝加工厂、重庆钢管厂、重庆铝厂、四川维尼纶厂、重庆氮肥厂、重庆磷肥厂、四川仪表总厂、重庆实验设备厂等为代表。

三线建设是重庆近现代工业史上的第二个高峰期，不仅为重庆工业发展做出了巨大的贡献，也遗存了大量的工业遗产。其中一些大型企业如重庆钢铁公司型钢厂和西南铝加工厂目前已处于

文物保护类的区间。四川仪表总厂、重庆 816 地下核工程、重庆特殊钢厂、国营长安机器制造厂、重庆天原化工厂、四川维尼纶厂等进入了保护性改造类范畴，还有大批如国营江陵机器厂等企业则进入了改造性再利用范畴。

二、重庆工业遗产空间分布格局

（一）重庆市域工业遗产空间分布总体格局

重庆的地理环境和近现代工业发展的特定历史是重庆工业遗产空间分布的两大决定性因素。重庆被大巴山、巫山、武陵山、大娄山环绕，长江嘉陵江穿城而过，使重庆工业遗产空间分布具有典型的线性廊道特征，格局为"两廊、四区、多点"。

"两廊"指嘉陵江工业遗产廊道和长江工业遗产廊道。"四区"分别是主城工业遗产核心片区，包括主城江北、渝北、北碚、渝中、九龙坡、沙坪坝、大渡口、南岸、巴南九区；渝东工业遗产集中区，包括长寿、涪陵；渝南工业遗产集中区，包括綦江、南川；渝西工业遗产集中区，包括江津、大足（主要是双桥经开区）。"多点"指众多工业遗产分布点。

（二）重庆主城九区工业遗产空间分布格局

重庆主城九区呈现"两江、四片、多点"的工业遗产格局。"两江"指嘉陵江、长江沿线工业遗产集中带。嘉陵江沿岸现有军政部兵工署第十工厂、军政部兵工署第二十一工厂、军政部兵工署第二十四工厂、重庆天原化工厂、重庆中南橡胶厂、豫丰纺织公司重庆纱厂等十余处工业遗址。长江沿岸有军政部兵工署第一工厂、军政部兵工署第二十工厂、军政部兵工署第二十六工厂、军政部兵工署第二十九工厂、恒顺机器厂、武汉裕华总公司重庆裕华纱厂等二十余处工业遗存。"四片"指大渡口重钢（注：规划局取的片区名称）、沙坪坝双碑、江北郭家沱、九龙坡半岛工业遗产集中片区。"多点"指众多工业遗产分布点。

第二节　重庆工业遗产类型

工业遗产类型最常见的划分有四种：按形成时间划分、按遗产形态划分、按行业性质划分、按地理位置划分。

一、工业遗产时间类型

根据重庆近现代工业发展的历史，重庆的工业遗产时间类型可分为四类：近代工业初创期工业遗产（1981—1929）、近代工业大发展与民国中后期工业遗产（1930—1949）、新中国成立初期工业遗产（1950—1963）、三线建设时期工业遗产（1964—1983）。民国中后期和三线建设时期的工业遗产是重庆是工业遗产的主要组成部分。

（一）近代工业初创期工业遗产（1981—1929）

重庆东风船舶工业公司曾用英国亚细亚石油公司的储油罐作为水厂处理池，供唐家沱片区用水。这是重庆近代工业初创期的工业遗产的典型代表之一（见图6-3）。

图6-3　英国亚细亚石油公司储油罐

资料来源：作者自摄

英国亚细亚石油公司，办公楼内部的八角柱风格独特，位于江北区唐家沱重庆东风船舶工业公司内（见图6-4）。

图6-4　英国亚细亚石油公司办公楼

资料来源：作者自摄

（二）近代工业大发展与民国中后期工业遗产（1930—1949）

重庆水轮机厂原名恒顺机器厂，1895年由湖北人周恒顺建于汉阳，1938年迁至现厂址南岸李家沱，1952年由四家厂公私合营组建为现在的重庆水轮机厂，位于南岸区李家沱（见图6-5）。

图 6-5　重庆水轮机厂洪发利楼

资料来源：作者自摄

　　天府矿业股份有限公司 405 发电厂配套的电器维修车间位于北碚区天府镇（见图 6-6）。电厂于 1939 年建成发电。当时最大股东是卢作孚。此车间作为北碚后丰岩发电厂内的专业设备维修使用，是北碚区最早的发电厂内的配套车间。

图 6—6　天府矿业股份有限公司电器维修车间

资料来源：作者自摄

（三）新中国成立初期工业遗产（1950—1963）

重庆建设工业有限责任公司是中国兵器装备集团公司所属三大骨干企业之一，其前身为旧中国四大实业家之首的张之洞1889年创办的汉阳兵工厂，是中国近代24家军工企业之一。该厂房于苏联援建期间建设，位于九龙坡区谢家湾（见6—7）。

图 6-7 苏联援建的厂房

资料来源：作者自摄

重庆机床厂生产的我国第一台齿轮机见 6-8。

图 6-8 齿轮机

资料来源：作者自摄

（四）三线建设时期工业遗产（1964—1983）

西南铝加工厂的建立，填补了重庆市铝加工空白。当时其设备和技术为全国第一，特别是 3 万吨模锻水压机（见图 6-9）更是亚洲第一。

153

图6-9 水压机

资料来源：作者自摄

重庆铁马工业集团有限公司的废弃坦克库被四川美术学院改作艺术中心。其位于九龙坡区黄桷坪（见图6-10）。

图6-10 坦克库

资料来源：作者自摄

二、工业遗产形态类型

（一）物质形态类工业遗产

重庆市市域内近现代以机器化的生产方式，具有历史价值、科技价值、美学价值、文化价值、经济价值、景观价值、区位价值和生态价值的工业遗存，包括：工业建筑或建筑群，如与工业及其发展有关的厂房、仓库、辅助用房、办公建筑、生活服务配套设施等；工业构筑物，包括与工业生产密切相关的输送管道、运输铁路线、烟囱等生产性构筑物；工业遗址，如废弃的工业活动场所、码头、桥梁、建筑遗址等；工业文物，如从事工业生产的机器设备、生产工具、办公用具、生活用具、历史档案、商标徽章以及文献、手稿、影响录音、图书资料等；工业遗产保护地段，即彰显工业遗产历史风貌特征的保护建筑和风貌建筑分布密集或集中成片，具有一定规模的区域，甚至还包括厂区内形象突出，并具有一定代表性的绿化景观。

根据重庆市历史文化名城规划、重庆市工业遗产总体规划，本书将物质形态类工业遗产划分为地段类、设施类、设备类和遗址类（见表 6-4 至表 6-7）。

表 6-4 重庆主要地段类工业遗产

类别	序号	名称	所属行政区	建造年代	简介
地段类	1	重庆特殊钢厂	沙坪坝区	1919 年	全国重点文物保护单位。现存建构筑物有厂房 10 处、苏式专家楼 1 幢、后勤中心办公楼 1 幢，大部分建筑保存完好。正在改造成博物馆
	2	重庆川仪十六厂	沙坪坝区	20 世纪60 年代	位于沙坪坝区青木关镇四愣碑村。现存厂房 7 处、办公楼 8 幢、职工居住宿舍 5 幢，建筑大都保存完整，部分有居民居住
	3	重庆印刷二厂	渝中区	20 世纪50 年代	原为民国中央银行印钞厂，位于重庆市渝中区鹅岭正街 1 号。现存厂房 7 处，建筑保存较完整

类别	序号	名称	所属行政区	建造年代	简介
地段类	4	重庆钢铁公司型钢厂	大渡口区	1938年迁渝	位于大渡口区李子林钢铁路30号,正在打造重庆工业遗产博览园
	5	国营望江机器制造厂	江北区	1938年	全国重点文保单位,优秀近现代建筑。位于重庆市江北区郭鱼路以西,临江。现存苏式专家楼1幢、小学1处、职工宿舍若干、厂房若干,保存较为完整
	6	国营江陵机器厂	江北区	1935年	全国重点文保单位,位于江北区北滨一路,现存建构筑物有防空洞1个、厂房8处、职工宿舍若干,建筑整体保存较好
	7	重庆豫丰纱厂合川支厂旧址	合川区	1940年	位于重庆市合川区南津街街道办事处东津沱。现存建构筑物有厂房10处、厂部山门1座,大部分建筑保存完整,其房屋形式多为悬山式和硬山式
	8	国营重庆清平机械厂	万州区	1965年	位于重庆市万州区高梁镇香良村。现存厂房、办公楼、职工居住宿舍若干幢,建筑保存完整,仍在生产
	9	綦江綦齿锻造有限公司	綦江区	1939年	位于重庆市綦江区古南街道桥河解放路667号。大多数建筑始建于20世纪30年代。现存车间若干幢,建筑结构、空间保存完整

类别	序号	名称	所属行政区	建造年代	简介
地段类	10	重庆钢铁（集团）有限责任公司第四钢铁厂	綦江区	1937年	位于綦江区三江镇 S303（雷园路）。现存厂房、办公楼若干幢。厂房建筑为桁架大跨度厂房建筑，建筑结构、空间保存完整
	11	国营一〇七厂	綦江区	1965年	位于重庆市綦江区东溪镇二社区，整个遗址布局完整，外面部分车间租给企业利用，环境污染严重，大部分建筑保存相对完整
	12	816地下核工程遗址	涪陵区	1966年	重庆市级文物保护单位。位于重庆市涪陵区白涛镇，原名国营816厂。2002年4月，经国防科工委下令解密，陆续对外开放
	13	国营华川机械厂旧址	合川区	1965年	位于合川区草街街道办事处大庙村。占地面积2100余亩，建筑面积50余万平方米。现存厂房若干幢，建筑保存完整
	14	国营陵川机械厂旧址	合川区	1965年	位于合川区清平镇，分布范围在工农村、华蓥村、向阳村、红卫村一带。厂区占地面积约500亩，总建筑面积约30万平方米。生产区域分布有设备分厂、冲压车间、海炮车间、总装车间、动力车间、废料库、天然气站等，行政区域分布有办公大楼、设计所、职工医院、干部大楼、厂属技校等，建筑保存完整

类别	序号	名称	所属行政区	建造年代	简介
地段类	15	国营晋江机械厂旧址	江津区	1966年	位于重庆市江津区夏坝镇境内。整个厂区占地面积为25公顷，基本保持了原厂风貌，建筑物保存完整。江津区"十三五"期间规划打造三线历史文化小镇
	16	国营双溪机械厂旧址	綦江区	1966年	该厂位于重庆市綦江区打通镇双垠村，1998年搬迁完毕，产权属于兵器装备集团公司，整个原厂区处于破败失修状态

表6-5　重庆主要设施类工业遗产

类别	序号	名称	所属行政区	建造年代	简介
设施类	1	国营嘉陵机器厂	沙坪坝区	1875年	全国重点文保单位，创始于1875年清政府上海江南制造总局龙华分局，是中国近代最早的兵工企业之一，位于沙坪坝区奋进路。现存职工居住区3处，建筑保存完整
	2	重庆虎溪电机厂	沙坪坝区	1969年	区级文保单位。位于大学城东路66号。中国兵器装备集团公司唯一的一家专业电机电器制造企业，现存建构筑物有厂房3处、烟囱1个、职工居住区3处、大会堂1栋、安乐堂1栋，建筑大都保存完整

类别	序号	名称	所属行政区	建造年代	简介
设施类	3	龚家洞金库旧址	沙坪坝区	1922年	优秀近现代建筑，位于沙坪坝区歌乐山镇新开寺村石灰湾社。现存洞穴1处、洞口瞭望塔1座，保存完整
	4	重庆无线电厂	沙坪坝区	1953年	位于沙坪坝区杨公桥51号。现存职工居住楼3幢、连廊1座，建筑被废弃
	5	重庆黄锡滋产业建筑群	南岸区	20世纪初	区级文保单位，部分建筑为重庆市优秀近现代建筑。位于南岸区南滨路龙门浩黄家巷。现存建筑有强华轮船公司旧址、聚福洋行别墅旧址、其余别墅10余幢，建筑保存较完整
	6	中央工业实验所	南岸区	1930年	市级文保单位。位于重庆市南岸区黄桷垭南山路34号，现为重庆市中药研究所。现存建构筑物有文物保护建筑4栋、厂房1处、专家办公楼2栋，建筑保存完整
	7	重庆茶厂历史建筑群	南岸区	1910年	部分建筑为重庆市优秀近现代建筑。多数建筑始建于20世纪50年代，位于南岸区南滨路龙门浩黄家巷11－5。现存茶厂茶房3幢、茶厂宿舍8幢，建筑保存相对完整
	8	长江电工厂	南岸区	1905年	位于重庆市南岸区铜元局正街。现存建构筑物有办公楼1幢、职工居住区2处，建筑保存完整

续表6-5

类别	序号	名称	所属行政区	建造年代	简介
设施类	9	重庆长江橡胶厂	南岸区	1965年	位于南岸区广黔路134号附32号。现存建筑有办公楼1幢、厂房2处，建筑保存完整
	10	弹子石印刷厂旧址	南岸区	1920年	位于南岸区弹子石正街128号。现存待拆迁居民楼2幢，建筑破旧
	11	重庆水轮机厂	巴南区	1895年	位于李家沱马王坪正街10号。现存厂房17处、周恒顺故居1幢、办公楼2幢，建筑保存完整，整个厂区正迁往璧山。其中周恒顺故居为重庆市历史建筑
	12	大溪沟电厂	渝中区	20世纪30年代	市级文保单位。位于渝中区大溪沟街13-11附近。现存专家楼1幢、职工宿舍6幢，建筑保存完整。其中专家楼为区级文物点
	13	重庆自来水厂	渝中区	1927年	市级文保单位，优秀近现代建筑。位于渝中区金汤街81号。现存建构筑物有打枪坝车间1幢、打枪坝水塔1座、沉淀池1个、源水池1个，保存状况良好。其中打枪坝水塔为重庆市历史建筑
	14	重庆木材综合厂	大渡口区	1950年	位于大渡口区茄子溪街道办事处新港社区。现存办公楼1幢，建筑保存完整，为重庆市优秀近现代建筑，厂房15处，其中1处建筑质量较好

类别	序号	名称	所属行政区	建造年代	简介
设施类	15	国营建设机床厂	九龙坡区	1938年迁渝	全国重点文保单位。位于九龙坡区谢家湾付家沟片区。现存51个岩洞车间，保存完整，利用部分岩洞车间建成重庆建川博物馆聚落
	16	重庆坦克库	九龙坡区	1970年	位于九龙坡区黄桷坪108号。现存建筑有军事仓库2栋，建筑保存完整，质量较好，已作为四川美术学院坦克库·重庆当代艺术中心使用
	17	重庆起重机厂旧址	九龙坡区	1957年	位于九龙坡区华岩镇中梁山街道社区。现存建筑有办公楼1幢、厂房8处、其余建筑若干，建筑保存完整，质量较好
	18	重庆巴山仪表厂	九龙坡区	1959年	位于重庆市九龙坡区石新路83号。现存建构筑物有厂房6处、职工宿舍2幢、办公楼2幢，保存完整
	19	尖山堡水泵厂旧址	九龙坡区	20世纪50年代	位于九龙坡区黄桷坪街道小湾社区尖山堡。现存泵2幢，保存完整，建筑质量较好，为区级文物点
	20	重庆发电厂	九龙坡区	1952年	位于重庆市九龙坡区黄桷坪街道小湾社区，现存建构筑物有发电厂烟囱1座、附属设施若干、厂房2处、厂门1座，保存完整。其中发电厂烟囱为重庆优秀近现代建筑

续表6—5

类别	序号	名称	所属行政区	建造年代	简介
设施类	21	西南铝加工厂	九龙坡区	1965年	位于重庆市九龙坡区西彭镇长安村，是三线建设时期重庆冶金工业新建的最大骨干企业。现存大礼堂1栋、厂房6处、其余建筑若干，建筑保存相对完整，质量较好，部分厂房还在使用
	22	中梁山煤矿洞口及煤厂	九龙坡区	1955年	南矿位于重庆市九龙坡区华岩镇中梁山街道中南村社区2小区。现存福利大楼1幢、厂房若干、浮沉室1幢、洗煤车间1幢、办公楼1幢、南矿矿洞1个，保存完整。其中南矿矿洞为区级文物点。北矿位于重庆市九龙坡区华岩镇中梁山街道中南村社区2小区。现存监测大楼1幢、办公楼1幢、福利大楼1幢、北矿矿洞1个，保存完整。其中北矿矿洞为区级文物点
	23	重庆罐头厂	九龙坡区	1956年	位于重庆市九龙坡区铜罐驿镇建设村80号。现存建筑有总厂招待所1幢、保安室2幢、生产厂房9处、总部1幢，建筑质量大都较差。总厂招待所为区级文物点
	24	重庆电机厂	九龙坡区	1927年	位于重庆市九龙坡区华岩镇半山1村1社区。现存机修车间老厂房1栋，建筑保存较完整

类别	序号	名称	所属行政区	建造年代	简介
设施类	25	501坦克库	九龙坡区	1965年	位于重庆市九龙坡区黄桷坪126号501艺术基地内。现存艺术楼3幢，保存完整，建筑质量较好。501艺术基地是重庆市创意办首批授牌的"重庆市创意产业基地"
	26	重庆铁马工业集团有限公司	九龙坡区	1941年	重庆铁马工业集团有限公司属于军工企业，位于重庆市九龙坡区杨家坪正街。20世纪50年代迁址九龙坡区，原为国营重庆空气压缩机厂，1965年更名为重庆铁马公司。目前，厂区保存完整，正在推进该片区的城市设计
	27	亚细亚石油公司旧址	江北区	1913年	位于江北唐家沱，与重庆东风船舶工业公司相连，现存大班房1幢、综合库2幢、木工工厂1幢、修船厂铆工厂1幢、船体放样车间1幢、库房3幢，整体保存较好，建筑质量较好，为区级文物保护单位
	28	抗战内迁药厂建筑群	江北区	1938年	位于江北区石马河桂花村110－13号。现存厂房1处、职工宿舍4幢，现状保存相对完整。其中药厂厂房为区级文物点
	29	重庆东风船舶工业公司	江北区	1928年	位于唐家沱东风一村1号。现存医院楼3幢、三民印刷所旧址1处、工教新村宿舍楼8栋和国民党社会部第一育幼院旧址1处，保存完整，为区级文物点

类别	序号	名称	所属行政区	建造年代	简介
设施类	30	重庆造纸厂	江北区	1939年迁渝	位于重庆市江北区建新西路52号（猫儿石）。现存办公楼3幢，保存完整，为区级文物点
	31	重庆长安精密仪器厂	江北区	新中国成立初期	位于大石坝立交北侧，南邻红石路，西靠盘溪路。现存苏式专家楼1幢，库房2处，保存较完整。为优秀近现代建筑、区级文保单位
	32	重庆天原化工厂	江北区	1938年	位于建新西路206号附近。现存建筑有医院楼1幢、招待所1幢、深井取水塔1座，保存较为完整。其中深井取水塔为区级文物点
	33	天府矿业股份有限公司	北碚区	1933年	始建于1933年，位于重庆市北碚区天府镇后峰路附近，是抗战时期最大的煤矿。现存烟囱1座、铆焊车间办公楼1幢、铆焊车间1处、原厂长办公楼1幢、职工宿舍若干、维修车间1幢、厂房5处、库房5处、档案馆1幢、木工房1幢、煤井瓦斯出口1处、碉楼2幢、北川铁路遗址1处，建构筑物整体保存完整。为近现代优秀建筑、区级文保单位
	34	四川仪表四厂	北碚区	1965年	位于北碚区白温泉镇松林坡65号。现存办公楼1栋，保存完好

类别	序号	名称	所属行政区	建造年代	简介
设施类	35	滑翔机修造所旧址	北碚区	抗战时期	位于金刚碑古镇保护范围内。现存建筑3幢，建筑整体保存完好，为区级文物点
	36	四川灯具厂	北碚区	1967年	四川灯具厂是三线建设时期由上海人民灯具厂内迁至重庆，专业生产民用、军用照明灯具，是西南地区最大的照明灯具生产厂
	37	国营重庆蒲陵机械厂	北碚区	1964年	原国家机械工业部定点生产小型汽油机的重点企业，现隶属于重庆机电控股（集团）公司。是我市第一家内迁企业。现为文物点
	38	国营红岩机器厂	北碚区	1950年	位于北碚区歇马镇红一村。现存厂房12处、办公楼6幢、职工住宿若干、子弟校1处，建筑整体保存较为完整
	39	顺昌铁厂	江北区	1938年	位于江北区玉带山1号。1938年由上海迁至江北，曾是抗战时期重庆工业母机制造的"六大金刚之一"。现存烟囱1座，保存完整，为区级文物点

类别	序号	名称	所属行政区	建造年代	简介
设施类	40	合川晒网沱盐仓	合川区	1936年	位于南津街道办事处白塔街社区晒网沱。始建于1936年，为当时的重庆盐务分局拨款监造，1940年建成，由合川官仓办公处负责管理使用，称合川官仓，简称盐仓，曾被列为当时长江中段八大盐仓之一。盐仓坐西南朝东北，方向45°，平面呈正方形，占地面积6300平方米，建筑面积3877平方米。库房分隔四栋
	41	狮子滩发电总厂旧址	长寿区	20世纪40年代	位于重庆市长寿区长寿湖镇。现存办公楼2幢、厂房6幢、住宅6幢，现状建筑保存完整，建筑为砖混结构
	42	桃花溪电站	长寿区	20世纪40年代	位于重庆市长寿区长寿湖镇。现存办公楼1幢、发电机房1幢、坝体2座，保存完好
	43	瀼渡发电厂	万州区	1939年	位于万州区瀼渡镇碑牌村1组，现存厂房、办公楼、职工居住宿舍若干幢，建筑保存完整，现为重庆市文物保护单位、区县历史建筑
	44	大公报印刷厂	万州区	1938年	位于万州区钟鼓楼街道办事处都历村145号，印刷厂土木结构，一楼一底，青瓦屋面面积约400平方米，建筑结构保存完好。现为文物点

续表6-5

类别	序号	名称	所属行政区	建造年代	简介
设施类	45	国营宁江机械厂旧址	南川区	1964年	位于南川区水江镇北侧，又名564厂，三线时期兴建。最有名的404车间也保存完好
	46	国营红卫机械厂旧址	武隆区	1965年	位于武隆区白马镇铁佛寺，代号406，隶属于六机部。厂房保存较为完整
	47	国营晋林机械厂旧址	綦江区	1965年	原厂址位于重庆市綦江区丛林镇海孔村，基本风貌犹存，但大部分构筑物破败
	48	合川卢作孚故居	合川区	1925年	位于重庆市合川区合阳城办事处芭蕉院内，由卢作孚故居及南面的宋晓夫楼构成，两幢建筑并列于一独立小院内，分布面积573平方米，总建筑面积353平方米。现为区级文物点
	49	民生公司电灯部旧址	合川区	1929年	位于合川区合阳街道瑞映巷，仅存建筑只有山门进门处的门楼和山门对面的几间破旧砖瓦房、发电房和锅炉房

续表6-5

类别	序号	名称	所属行政区	建造年代	简介
设施类	50	四川矿业学院旧址	合川区	1970年	位于合川区三汇镇枫岩湾。现存有办公大楼、教学大楼、阶梯教室、图书馆、实验楼、总务楼、教职工宿舍、学生宿舍、食堂、医院、武装部、保卫科、粮站、幼儿园、商贸区等建筑，多为3～5层建筑，悬山式或硬山式屋顶，用水泥板瓦覆盖，墙体用当地的石灰石片石砌成，内部为贯通式筒子楼结构。除个别建筑进行了外部粉刷装饰外，旧址内的全部建筑基本保持了原有风貌，稳固坚实，保存较为完好
	51	松溉印刷厂	永川区	1906年	位于重庆市永川区松溉镇解放街119号。现存解放初期的纸厂遗址一处，木结构，仍在居住使用，保存较好
	52	龙溪河梯级发电站	长寿区	1954年	位于重庆市长寿区长寿湖镇。现存狮子滩、上硐、回龙寨、下硐四个梯级电站。工厂风貌、内部道路基本完整，生产、生活等功能区的形态保存完整，整体空间布局较好地反映了工厂选址和规划布局的传统理念和地方特色。建筑保存完整，质量较高

类别	序号	名称	所属行政区	建造年代	简介
设施类	53	国营武江机械厂	万州区	1965年	位于万州区李河镇高升村。现存厂房、职工居住宿舍若干幢，小剧场一处，保存完整。现为万州区文物点
	54	重庆金星股份有限公司（牛肉干厂旧址）	綦江区	1937年	位于重庆市綦江区古南街道百步梯社区80号。厂区坐东向西，占地面积为7676平方米，建筑为4层砖混结构，主立面水平向延伸感强，建筑立面风格显著，建筑整体保存完好
	55	重庆钢丝绳厂	綦江区	1943年	位于重庆市綦江区三江街道办事处钢丝绳社区。现存第三、第四车间对外来料加工，其余均停产。设备破损严重，房屋部分垮塌，大部分厂区杂草丛生。厂房多为桁架大跨度厂房建筑，建筑结构、空间保存完整，再利用价值较高
	56	松藻矿务局打通一矿	綦江区	1964年	位于重庆市县綦江区打通镇204省道附近。现存矿井一处、辅助用房若干幢。仍在生产
	57	国营青江机械厂旧址	南川区	1966年	位于江津区夏坝镇境内。目前用于企业生产办公，部分由夏坝镇政府作为政府所在场镇打造，整体保存良好

续表6-5

类别	序号	名称	所属行政区	建造年代	简介
设施类	58	国营红山铸造厂旧址	南川区	1966年	位于南川区南平镇岭坝乡红山村2社。1997年,该厂整体搬迁,红山厂遗址被纳入神龙峡国际旅游度假区统一规划。目前,厂区房屋闲置略有损毁,是南川三线企业中厂房闲置最多、保存最完整的遗址
	59	国营川东造船厂	涪陵区	1967年	位于涪陵红星大桥。现为西南地区特种船舶制造基地,有船台区3个,室内船台6座,钢结构车间1个,机械加工车间1个,放样楼1幢,保存较好
	60	四川染料厂旧址	长寿区	1965年	位于重庆市长寿区古佛乡,现存厂房、医院、学校、宿舍楼等建筑,保存一般。目前该公司利用现有建筑开发甲醇项目
	61	中国兵工物资总公司西南公司59507仓库旧址	綦江区	1963年	厂房总体保存较好,所在地块已纳入万盛经开区平山工业园区规划,现被多普泰制药公司租用,从事药物生产
	62	国营卫东机械厂旧址	长寿区	1960年	现存厂房、宿舍楼等,主体结构保存较好
	63	国营天星仪表厂旧址	南川区	1962年	交旅集团对部分厂房进行了修缮,用于办公。对宿舍楼进行了加固装修,建成"金佛山喀斯特展示中心"和"三线酒店"。目前两处厂房闲置

类别	序号	名称	所属行政区	建造年代	简介
设施类	64	甘家坝军粮库旧址	合川区	1942年	位于合川区钓鱼城街道办事处甘家坝社区合川盐化工业有限公司家属区内，现存粮仓1座，粮仓基址2处，总占地面积1780平方米。仓库为砖石结构，悬山顶小青瓦建筑，一楼一底
	65	重庆冶炼厂	綦江区	1933年	位于重庆市县綦江区三江街道办事处重冶社区。保存一般，厂区车间建筑主体结构尚存，小部分垮塌，电解铜车间经技术改革后还在运行
	66	綦江龙海纺织有限公司	綦江区	1980年	位于重庆市县綦江区打通镇双坝村双溪。整个工厂基本处于废弃状态，车间与办公楼建筑保留完整
	67	重庆钢球厂	綦江区	1971年	该厂位于万东镇建设村境内一个小山丘上，钢球厂于1993年迁往重庆市沙坪坝区，该厂遗址主体部分保存完整，现为万盛经开区职业教育中心
	68	中国人民解放军总后勤部2383仓库旧址	江津区	1972年	该仓库位于缙云山脉临峰山下，依山傍水，环境优美，森林覆盖率达70%。该仓库遗址目前保存完整
	69	国营庆江机器厂旧址	綦江区	1966年	位于永城镇黄沙村。西南兵工局的国有大型二类企业。2002年12月，庆江厂遗址出让给民营企业。厂区保存一般

171

续表6-5

类别	序号	名称	所属行政区	建造年代	简介
设施类	70	重庆市永川肉联厂	永川	1973年	位于重庆市永川区吉安镇大屋基。改造价值不高，占地800平方米，近现代建筑，砖混结构，白瓷砖贴墙，存在部分脱落现象，风貌较为杂乱
	71	大昌冶炼厂旧址	合川区	1939年	大昌冶炼厂始建于1939年，位于重庆市合川区狮滩镇聂家村，南北长700米，东西宽1000米范围内，分布面积700000平方米。厂区范围内还分布有办公室、材料库、职工宿舍、矿渣堆积场
	72	五里墩砖瓦窑	永川区	民国时期	位于永川区吉安镇石松村五里墩村民小组。现存砖瓦窑旧址1处，占地30平方米左右，外部石块风化严重，有垮塌现象
	73	四川维尼纶厂	长寿区	1970年	位于重庆市长寿区晏家街道中心路73号。现存建筑保存相对完整。建筑为砖混结构，为近现代建筑风格。但仍在生产，所以改造可能性不大
	74	大堰沟煤场	万州区	1958年	位于万州区长滩镇清河村7组。现存仓库3幢、办公楼1幢，现状保存相对完整，现已经闲置废弃
	75	国营永平机械厂	万州区	1963年	位于万州区沙河街道高寨村。现存厂房、职工居住宿舍若干幢，建筑保存较为完整，但有破损。厂房被租用作为仓库使用

类别	序号	名称	所属行政区	建造年代	简介
设施类	76	四川江东机械厂	万州区	1951年	位于重庆市万州区五桥百安大道1008号，现存生产车间1处、电镀及高频机房1处和职工宿舍楼若干处，建筑年久失修，建筑质量一般
	77	南瓜山窑厂旧址	永川	民国	位于重庆永川区中山路街道办事处双龙村南瓜山。现存窑洞旧址1处，占地120平方米
	78	綦江齿轮厂	綦江	1939年	位于重庆市綦江区江县古南街道金桥村四社，是一处崖洞遗址，一块巨石嵌于土坡上，巨石下形成了一个崖洞。占地面积550.8平方米，整个厂区外已基本废弃
	79	太平桥炼钢遗址烟囱	綦江	20世纪50年代	位于重庆市綦江区东溪镇上书村9社。现存烟囱1座，坐东向西，由砖块砌成的下大上小的圆柱体，保存较好
	80	第六机械工业部911仓库旧址	武隆区	1966年	现存厂房4栋，其中久味夙豆干厂及园区一家配建生产企业入驻3栋，闲置1栋

表 6-6　重庆主要设备类工业遗产

类别	序号	名称	产权单位	年代	简介
设备类	1	齿轮机	重庆机床厂	新中国成立初期	重庆机床厂生产的我国第一台齿轮机
	2	水压机	西南铝业（集团）有限责任公司	20世纪70年代	西南铝业的建立，填补了重庆市铝加工空白。其设备和技术为全国第一，特别是3万吨模锻水压机更是亚洲第一
	3	800H双缸卧式蒸汽机	重庆钢铁（集团）有限责任公司	1938年	中国轧钢工业第一台大型轨梁轧机原动机（英国制造）。
	4	φ312大冷压机	重庆鸽牌电线电缆有限公司	1905年	英国制造
	5	弹壳下料机	中国嘉陵工业股份有限公司（集团）	1948年	
	6	钢心下料机	中国嘉陵工业股份有限公司（集团）	1936年	
	7	曳光管较量机	中国嘉陵工业股份有限公司（集团）	1936年	
	8	压铅条机	中国嘉陵工业股份有限公司（集团）	1940年	
	9	铅套引长切口机	中国嘉陵工业股份有限公司（集团）	1940年	
	10	铅套下料冲孟机	中国嘉陵工业股份有限公司（集团）	1940年	

类别	序号	名称	产权单位	年代	简介
设备类	11	弹头装配收尾机	中国嘉陵工业股份有限公司（集团）	1945年	
	12	弹头收尾机	中国嘉陵工业股份有限公司（集团）	1936年	
	13	弹头重量分类机	中国嘉陵工业股份有限公司（集团）	1936年	
	14	立式偏心冲床	中国嘉陵工业股份有限公司（集团）	1943年	
	15	增压器CZ355型实物解剖机	重庆江增船舶重工有限公司	1979年	第一台自主知识产权增压器CZ355型实物解剖机，是国家级可移动珍贵文物
	16	原国民政府资源委员会锅炉（英国产）	重庆冶炼（集团）有限责任公司	1940年	
	17	15/2HP氯酸钾生产装置离心泵	重庆长寿化工有限责任公司	1939年	

资料来源：根据2009年和2017年工业遗产普查数据整理，作者自制

表 6-7 重庆主要遗址类工业遗产

类别	序号	名称	地点	简介
遗址类	1	沙坪窑遗址	沙坪坝区磁器口镇西北青草坡	古镇磁器口瓷器的主要生产点。清康熙元年（1662年），福建汀州连城县孝感乡江生由江氏兄弟三人在重庆巴县白崖镇青草坡建立
	2	又新丝厂遗址	南岸区王家沱	重庆开埠时期日商在王家沱日租界内开办的纺织厂
	3	真武山吊洞沟煤矿	南岸区真武山	1890年开设，重庆最早的煤矿
	4	森昌泰火柴厂	南岸区王家沱	1891年开办，重庆近代第一家工厂
	5	烛川电灯公司	渝中区普安巷	1906年开办，重庆第一家柴油发电厂。重庆第一次发电（100kW直流柴油发电）
	6	重庆铜元局	南岸区局	1905年开办，重庆第一家机械制造厂
	7	桐君阁药厂	渝中区解放东路380号	1908年开办，我国著名药业企业
	8	重庆自来水厂	渝中区大溪沟	1927年开办，重庆自来水之始
	9	大溪沟发电厂	渝中区大溪沟	1933年开办，重庆第一个火力发电厂
	10	第二十一兵工厂遗址	江北区华新街	重庆钢铁公司第三钢铁厂，抗战时期开办
	11	重庆通用机器厂遗址	江北区南桥寺	1938年迁渝
	12	郑州豫丰和记纱厂重庆分厂	沙坪坝区土湾	重庆第一棉纺织厂遗址，1938年迁渝
	13	南洋兄弟烟草公司遗址	南岸区马鞍山265号	1938年由汉口迁入重庆，取名南洋兄弟烟草公司重庆分厂

类别	序号	名称	地点	简介
遗址类	14	祥和公司肥皂厂	南岸区	1904年英国商人开办的四川第一家肥皂厂
	15	第二兵工厂（汉阳火药厂）	南岸区鸡冠石	抗战时期开办。为抗日战争做出了贡献
	16	济南兵工厂（军政府兵工号第三十厂）	南岸区王家沱	抗战时期开办。为抗日战争做出了贡献
	17	广东第二兵工厂（军政部兵工号第五十工厂）	江北郭家沱	抗战时期开办。为抗日战争做出了贡献
	18	北川铁路	北碚区天府镇	1938年创办。重庆机械采煤之始。卢作孚1938年创办。建成四川第一条运煤窄轨铁路——北川铁路（16.8公里）
	19	民生公司机器厂旧址	江北区青草坝（北滨二路朝天门大桥附近）	建于20世纪30年代初，早期为民生公司船舶、机器修造，后发展为民生公司造船厂，是抗战时期大后方规模最大、技术力量最强的造船厂。著名作家李劼人曾任该厂厂长。原厂长公馆、石头房等遗址因修建朝天门大桥已被拆掉
	20	中国毛纺织厂	巴南区李家沱	抗战时期开办
	21	刘黄铁路	北碚区天府镇	新中国成立初期修建，从北碚刘家沟至黄角坪。当时修路工人"三不要"（不要工钱、不要饭钱、不要补助），体现了艰苦奋斗和无私奉献精神

类别	序号	名称	地点	简介
遗址类	22	军政部兵工署第二十六兵工厂	长寿区重庆长寿化工有限责任公司	1939年创办

资料来源：根据2009年和2017年工业遗产普查数据整理，作者自制

　　合川晒网沱盐仓位于合川城区嘉陵江、涪江交汇的南岸，始建于1936年，为当时重庆盐务局呈准、拨款、监督营造，1940年建成，由合川官仓办公室负责管理使用，称合川官仓，简称盐仓（见图6-11）。

图6-11　合川盐仓

资料来源：作者自摄

　　重庆第三棉纺织厂是一家大型企业，原名武汉裕华总公司重庆裕华纱厂，始建于1919年，1938年抗战时期从武汉搬迁来渝（见图6-12）。

图6-12　被拆除的重庆第三棉纺织厂锯齿形厂房

资料来源：作者自摄

现存烟囱1座，坐东向西，由砖块砌成的下大上小的圆柱体，保存较好（见图6-13）。烟囱位于重庆市綦江区东溪镇上书村9社。

图6-13　太平桥炼钢遗址烟囱

资料来源：作者自摄

（二）非物质形态的工业遗产

非物质形态的工业遗产主要指各类历史、文化和工业技术资源，包括生产工艺流程、手工技能、原料配方、经营方法、管理理念、商号、标语口号、企业发展历史以及相关的文化表现，比如企业文化、企业精神等。

厂址在重庆弹子石窝角沱的武汉裕华总公司重庆裕华纱厂于1937年成立，后更名重庆第三棉纺织厂，是当时弹子石地区最大的一座现代工厂（见图 6-14、图 6-15）。

图 6-14　武汉裕华总公司重庆裕华纱厂门匾

资料来源：作者自摄

图 6-15 武汉裕华总公司重庆裕华纱厂奠基石

资料来源：作者自摄

"你在哪里住？我不跟你说！杨家湾、窍角沱、裕华纱厂做工作。"这首民谣，曾在重庆弹子石地区极为流行。通过一问一答，点出了地名，点出了厂名。末尾一句，据传原为"裕华纱厂求生活"。这段民谣是反映当时工厂的影响力，其也是非物质形态的工业遗产。

民生实业股份有限公司的民生精神"实业救国、服务社会、艰苦奋斗、勤俭进取、亲和融洽、同舟共济"，成为近代民族企业家留给后世的一笔宝贵的精神财富，对今天民营企业的发展仍具有重要的借鉴价值。

三、工业遗产行业类型

重庆工业遗产涵盖冶金、军工（机械制造）、化工、棉纺、造船、仪器仪表、交通运输业等多种行业类型。

（一）冶金业代表性工业遗产

西南铝业（集团）有限责任公司建于 1965 年，原名西南铝加工厂，1970 年投产，是中国最大的铝加工企业。西南铝业二分厂厂房为 420 米×70 米砖混结构，保存完好，位于九龙坡区西彭镇（见图 6−16）。

图 6−16 西南铝业二分厂厂房

资料来源：作者自摄

（二）军工机械制造业代表性工业遗产

据统计，重庆军事工业（机械）遗产占工业遗产总数的一半以上。

重庆水轮机厂原名恒顺机器厂，1895 年由湖北人周恒顺（见图 6−17）建于汉阳，1938 年迁至现厂址南岸李家沱，1952 年由四家厂公私合营组建为现在的水轮机厂。

图 6-17　周恒顺住宅

资料来源：作者自摄

　　国营望江机器制造厂是国有大型一类企业，1933 年始建于广东清远县琶江口，1938 年迁至重庆市江北区郭家沱。为躲避日军飞机的轰炸，望江机器制造厂在铜锣峡谷修建了 16 个生产洞窟，为抗日做出了一定的贡献。这是在主城区保存完好的典型的重庆抗战军工生产遗址，位于江北区铜锣峡（见图 6-18）。

图 6-18　望江机器制造总厂生产洞窟

资料来源：作者自摄

　　电气熔铜炉山洞位于原国营嘉陵机器厂内。洞旁纪念碑是时任厂长顾汲澄为纪念修建山洞死难者所建（见图 6-19）。

图 6-19　军政部兵工署第二十五工厂电气熔铜炉山洞

资料来源：作者自摄

（三）化工业代表性工业遗产

重庆天原化工厂（天厨味精厂）创办人吴蕴初先生是我国著名爱国民族资本家，被誉为中国"味精大王"，曾任中华工业协会理事长、迁川工厂联合会副理事长等职。吴蕴初办公楼见图6-20。

图 6-20　重庆天原化工厂吴蕴初办公楼

资料来源：作者自摄

位于长寿的长寿化工厂和四川维尼纶厂构成了西南重化工基地，这两个厂也是重庆具有独特价值的工业遗产。

（四）棉纺织业代表性工业遗产

重庆第四棉纺织厂位于合川区，是一个独成体系、设施完善的小社会。厂里有百货商场、职工医院、子弟中小学、广播电视站、邮电、银行、影剧院、体育场地、食堂、澡堂、工人俱乐部（见图6—21）。

图6-21　重庆第四棉纺织厂工人俱乐部

资料来源：作者自摄

（五）造船业代表性工业遗产

重庆东风船舶工业公司是中国长江航运集团下属的修造企业，原名东风船厂，始建于1928年，其前身是卢作孚先生创建的民生机器厂。重庆东风船舶公司水厂使用的是重庆开埠时期的重要遗址——英国亚细亚石油公司的厂房，位于江北区唐家沱（见图6—22）。

图 6-22   重庆东风船舶公司水厂门房

资料来源：作者自摄

位于涪陵李渡的国营川东造船厂曾是我国核潜艇生产基地之一，具有独特的工业遗产价值。

（六）仪表仪器业代表性工业遗产

图 6-23 所示最早为俄语专科学校教室，是四川外国语大学的前身，20 世纪 60 年代开始作为四川仪表四厂的办公用房，位于北碚区三花石。

图 6-23   四川仪表四厂办公楼

资料来源：作者自摄

四、工业遗产地理类型

根据工业遗产所在地理位置与城市的关系，重庆工业遗产可分为远城市工业遗产、城市工业遗产和工业城镇工业遗产三种。远城市工业遗产主要是地处在重庆主城区外的工业基地。这类工业基地因其远离城市，一般具有完备的工业生产和丰富的配套服务生活功能。城市工业遗产是指处在重庆主城区的工业遗产。这类工业遗产通常位于城市交通便利地带；或者随着重庆城市发展，工业区被城市包围，处于城市中心地带。工业城镇是指工人生活、工业生产和城镇形成一个整体。这类城镇往往是由工业所创造并随之发展的。

（一）远城市工业遗产典型代表

海孔洞位于万盛区丛林镇海孔村，为抗战时期中国航空委员会第二飞机制造厂（又叫海孔飞机厂）和三线建设时期生产大炮的军工企业国营晋林机械厂的所在地，是中国第一架中型运输机的诞生地（见图6-24）。

图6-24 海孔洞抗战时期和三线建设时期的溶洞厂房

资料来源：《重庆市工业遗产保护与利用规划研究》

（二）城市工业遗产典型代表

重庆钢铁公司型钢厂。其前身是国民政府钢铁厂迁建委员会第四所，钢铁厂迁建委员会第四所下辖的钢轨钢板厂和钢条厂构成了后来重庆钢铁公司型钢厂的主体。新中国成立后，钢轨钢板厂更名为"重庆钢铁公司大型轧钢厂"，钢条厂更名为"重庆公司中小型轧钢厂"。1990 年 3 月，两厂合并成立重庆钢铁公司型钢厂。

图 6—25　重庆钢铁公司型钢厂建筑群

资料来源：作者自摄

（三）工业城镇工业遗产典型代表

万盛的能源工业、綦江的机械工业、长寿的化工工业，都是重庆近郊著名的工业城镇。仅綦江就拥有国营一〇七厂、重庆钢丝绳厂、綦江齿轮厂等 12 处工业遗产。綦江的古南镇、三江镇、打通镇更是典型的工业城镇。地处古南镇（今古南街道）的綦江綦齿锻造有限公司、綦江齿轮厂、重庆金星股份有限公司，地处三江镇（今三江街道）的重庆钢铁公司第四钢铁厂、重庆钢丝绳厂、重庆冶炼厂，地处打通镇（今打通街道）松藻矿务局打通一煤矿、綦江龙海纺织有限公司、国营重庆双溪机械厂，以及东溪镇的国营一〇七厂、太平桥炼钢厂，永城镇的国营庆江机器厂等厂矿，都是在重庆颇具规模和影响力的企业。

国营一〇七厂始建于 1965 年，位于东溪镇二社区，整个遗址布局完整，大部分建筑保存相对完整（见图 6-26）。

图 6-26　国营一〇七厂

资料来源：作者自摄

国营重庆双溪机械厂建设有厂区、两个家属区（一区、二区）（见图 6-27）、自来水厂，配套有幼儿园、子弟小学校、子弟中学校、技工学校、附属医院等，高峰时期工厂正式职工逾3000 人。

图 6-27　国营重庆双溪机械厂一组团家属区

资料来源：作者自摄

重庆钢铁公司第四钢铁厂。企业前身创办于 1937 年，名为东原实业股份有限公司。1951 年 7 月更名为国营东原炼铁厂，1958 年并入新建的地方国营重庆三江钢铁厂，1965 年 4 月划归重庆钢铁公司领导，1965 年 7 月定名重庆钢铁公司第四钢铁厂（见图 6-28）。2003 年 8 月 19 日通过改制更名为"重庆四钢钢业有限责任公司"。

图 6-28　重庆钢铁公司第四钢铁厂铁路

第三节　重庆工业遗产特征

一、近山临水分散隐蔽的环境特征

重庆近现代工业发展史上的两次高峰，一次是民国中后期，一次是三线建设时期。民国中后期工业布局，与抗战的时代大背景密不可分。为保障战时工厂生产安全，加之受重庆的地理条件限制，适于工厂建设的平坝开阔地带稀少，所以这一时期的工厂基本都是靠山或者进山设厂，工业企业布局靠近山体，许多大型兵工厂直接建在山崖之下或山谷之中。三线建设是国家的战略，为了战备考虑，内迁或者新建的绝大多数工厂在渝黔交界的大山区里扎根。生产车间顺着山谷地带延绵展开，生活设施布置在更高的山坡之上，通过公路或铁路联系，工厂的生产和生活设施层层叠叠依山而建。

重庆工厂临水而建，厂区水岸线布局着码头、货场、缆车道等生产设施，山体、溪谷、江河与工厂的厂房建筑、生产设施设备共同构成山水厂的整体形象。山地工厂巧妙地利用山势和地形嵌入山地中，"厂在山中、山在厂中"，山脊线、建筑轮廓线、水岸线清晰分明，与自然环境和谐共生。多数工厂因为建成时间较长，植被生长良好，厂房间穿插在绿树丛中，厂区绿树成荫，砖红色的厂房掩映在绿树丛中，一些老厂区珍贵林木众多，古树参天，是不可多得的宝贵的生态环境资源。

二、沿交通线廊道组团分布的空间特征

重庆工业遗产主要是以民国中后期和三线时期的工业遗存为主，这两个时期工业布局有战时战备的重大时代背景。为方便原材料及产品的运输，重庆市工业主要沿着长江、嘉陵江和当时的交通主动脉川黔公路分布。目前重庆的工业遗产沿交通线廊道分布的特征十分突出。主城和远郊形成四片工业遗产集中区，包括主城、渝东（万州、涪陵、长寿）、渝南（綦江、南川）和渝西（江津、双桥）四个遗产集中片区，主城又形成了大渡口重钢（注：规划局取的片区名称）、沙坪坝双碑、江北郭家沱、九龙坡半岛四个工业遗产集中片区。重庆市域工业遗产沿交通线廊道组

团分布的空间特征显著。

三、轻重并举、门类众多的体系特征

从重庆工业遗产的现状调研统计可以看到，目前重庆工业遗产门类行业众多，包括采矿业、电力及水的生产和供应业、机械及兵器制造业、交通运输设备制造业、冶金及加工业、化工业、核工业、船舶制造业、建材业、纺织业、食品制造业、烟草制品业、医药制造业、造纸及印刷业以及其他制造业。从大后方最大的工业基地到西南地区最重要的工业基地，再到三线时期中国战略大后方综合性工业基地，重庆拥有雄厚的工业遗产家底，工业遗产数量众多，存量丰富。

四、高度反映重庆近现代工业化进程的阶段特征

重庆的工业遗产与重庆工业发展的进程密切相关，主要的发展反映了重庆城市工业化的历程。开埠至重庆建市阶段，手工业作坊性质的企业比较多，近代机器企业较为罕见。所以这一阶段只是重庆近代工业的萌芽，工矿企业生存的和经营的状况普遍不佳，以火柴、棉纺、缫丝业等轻工业为代表的工业遗产基本以遗址类为主。抗日战争期间，沿海及长江中下游一带400余家工厂及6.6万职工内迁，重庆一跃成为大后方最大的工业基地，为重庆成为大后方经济中心奠定了基础，重庆迎来了近现代工业化的第一次高峰，抗战时期的工业遗产也成为重庆工业遗产的重要组成部分。"一五""二五"时期，能源、机械、冶金、煤炭逐步奠定了社会主义现代化的工业基础。三线建设则迎来了重庆近现代工业发展的第二个高潮，机械、冶金、化工、纺织、食品五大支柱行业的工业遗产也成为重庆工业遗产的另一个重要组成部分。

第七章　重庆工业遗产保护
与利用的实践探索

第一节　重庆工业遗产保护与利用的历史阶段

从 1997 年重庆直辖到 2006 年的这 10 年是重庆工业遗产流失最严重的时期。重庆的工业遗产还没有得到政府企业和社会的重视，仅有零星保护案例散见，部分企业如长安汽车股份有限公司、太极集团有限公司、重庆诗仙太白酒业（集团）有限公司将一些工业遗址和设备加以保留，组织开展工业旅游或生态文化旅游，重庆钢铁（集团）有限责任公司将 1905 年英国制造的 8000HP 双缸卧式蒸汽机作为厂史标志予以保护。2006 年，市委、市政府审议通过的《重庆市创意产业"十一五"规划》，规划明确提出对工业遗产进行产业性开发利用。随后 2008 年重庆市规划局会同当时的重庆市经济和信息化委员会、重庆社会科学院对重庆的工业遗产进行了第一次普查，并进行抢救式规划保护，工业遗产开始得到政府的重视。2011 年到 2017 年，工业遗产保护与利用进入实践探索期。2017 年重庆市规划局委托重庆大学城市规划学院编制的《重庆市工业遗产保护与利用规划》意味着重庆工业遗产保护进入了新的历史阶段。

一、城市快速发展与工业遗产严重流失（1997—2006）

1997—2006 年是重庆工业遗产流失最严重的时期。其主要表现在四个方面：一是破产改革。为深化国有企业改革，减轻国企发展包袱，重庆大批国有工业企业完成了破产改革，特别是 1999 年重庆市委一届六次全委（扩大）会之后，对不少企业实施兼并破产，消灭亏损源，由于对工业遗产没有采取保护政策或措施，将大批工业遗产作为落后生产力一同"消灭"。如九龙坡区的重庆罐头食品厂的老工业设备被全部拍卖处置。根据重庆市经济和信息化委员会提供的数据显示，从 1997 年到 2000 年，全市规模以上国有工业企业减少了 493 个，减幅达到 41.39%；到 2005 年更减少至 208 个，仅为 1997 年的 17.46%。这些消失的工业企业基本都是老企业，其中包含有大量的工业遗产。二是在实施"退二进三""退城进郊（园）"的过程中，大批工业遗产遗失或遭到破坏。直辖以来，根据城市建设的总体规划，重庆对位于主城九区占地面积大、消耗大、污染大的企业实施关停或搬迁。2006 年底，60 多家污染企业相继退出主城区。江北区的重庆钢铁（集团）有限责任公司第三钢铁厂、南岸区的重庆铜元局等厂区由于用地性质发生了根本性变化，被房地产开发商快速拆除，原有的建筑和老工业设备基本都荡然无存。三是技术改造。从 1999 年开始，重庆不断加大国有企业技术改造步伐，大部分国有企业的核心技术和设备都得以更新，老工业设备等遗产也作为落后生产力的代表遭到严重破坏。特别是一批军品企业实施军民品分线改革，使不少特色工业遗产遗失或遭到破坏。如西南铝业（集团）有限责任公司、重庆建设公司有限责任公司、重庆铁马集团、重庆水泵厂等企业大量的老设备已经消失。四是部分企业由于经济效益较好，将老厂房拆除，重新修建新厂房，致使部分有价值的工业遗产遭到破坏，如渝中区大溪沟水厂、电厂，重庆前卫仪表厂等。

这一时期重庆工业遗产保护与重庆利用主要有两个途径：一是工业旅游，长安汽车股份有限公司、重庆太极实业（集团）股份有限公司、重庆诗仙太白酒业（集团）有限公司被国家确定为工业旅游示范点。二是与创意产业的结合。重庆作为一个老工业城市，众多的老厂房、老仓库是近代工业文明的摇篮，蕴含着丰富的历史文化，容易激发创作者的灵感，成为创意设计类企业十分乐意进驻的场所。如：坦克库－当代艺术中心、501艺术基地、东和地产创意产业园等，都是利用闲置厂房和楼宇建设起来的。总的来说，这一时期工业遗产的保护与利用还处于萌芽阶段。

二、"掠夺式"开发与工业遗产遭重创（2007—2009）

到2008年，共有78家企业搬离了重庆主城。在此过程中，城市中相当多的工业历史建筑及地段被拆毁废弃，其中最典型的是化龙桥片区[①]。化龙桥工业区兴起于抗战时期，在沿嘉陵江不到3公里的范围内集中了十多家企业，其中包括朝阳电机厂（国民党军政部电信厂）、重庆弹簧厂（国民政府交通部汽车配件厂）、重庆衡器厂（国民政府资源委员会炼铜厂）和爱国民族资本家陈维新所建立的重庆中南橡胶厂等。化龙桥工业区是抗战时期重庆工业跨越式发展的有力见证。然而在城市化和城市改造浪潮的冲击下，化龙桥工业区被夷为平地，代之而起的是现代化的高楼大厦。位于南岸区重庆铜元局长江电工厂旧址、弹子石的武汉裕华总公司重庆裕华纱厂旧址，其重庆开埠时期和抗战时期留下来的典型厂房遗址被专家认为是最有保存、利用价值的工业遗

---

① 胡攀：《重庆城市建设中的历史文化保护研究》，《城市观察》，2011年第3期，第98页。

产，在重庆规划局加紧进行普查摸底的情况下，被开发商抢先采取行动将其拆除。重庆工业遗产遭受日趋严重的自然损毁和比之更为严重的开发性破坏的双重夹击，经受着历史上最严重的破坏和毁灭，以极快的速度消逝。

2006 年，市委、市政府审议通过了《重庆市创意产业"十一五"规划》，工业遗产第一次出现在重庆政府的文件中。规划明确提出对工业遗产进行产业性开发利用，鼓励利用闲置楼宇、仓库和厂房进行改扩建，建设建筑设计、社会经济咨询、广告、知识产权服务、珠宝首饰、工艺美术品设计等专业创意产业基地，推动创意产业与都市产业相结合。随着政府将工业遗产的保护利用提上议事日程，加上 2006 年《无锡建议——注重经济高速发展时期的工业遗产保护》的发布，工业遗产的价值逐步引起了一些企业的关注。一部分工业遗产在这期间得到有效保护，主要表现在五个方面：一是工业旅游保护利用一批。部分三线企业已主动采取了一系列措施，将一些工业遗址和设备加以保留，组织开展工业旅游或生态文化旅游。二是工业雕塑（厂史标志）保护利用一批。重庆钢铁（集团）有限责任公司的 8000HP 双缸卧式蒸汽机（见图 7-1）是 1905 年由英国制造，1906 年清朝"洋务运动"末期两广总督张之洞将其购回，1938 年抗战时西迁至重庆。该机 1985 年停产下马后作为厂史标志保留了下来，供人参观。三是发展创意产业开发性保护利用一批。如四川美术学院将铁马集团坦克仓库改造为当代艺术展示室，重庆啤酒集团的第一家纽卡斯尔酒吧正是利用石桥铺厂区沿街的老厂房打造的。重庆长江橡胶厂有四栋 20 世纪 60 年代完整的老房子，部分供工商大学校办企业生产利用，还有部分用作学生实习基地。四是生产使用保存了一批。如重庆鸽牌电线电缆公司现存有清朝末年（1905 年）英国制造的 φ312 大冷压机，一个世纪过去了，该设备仍在使用。此外，在西南铝业（集团）有限责任公司、重庆铁

马工业集团有限工公司、中国嘉陵工业股份有限公司（集团）等
老工业企业也有一批这样的老设备仍在生产使用。五是馆史陈列
保护了一批。如长安汽车股份有限公司建立了厂史陈列室，对各
个时期所用的机器和产品都有完好系统的保存。

图 7-1 800HP 双缸卧式蒸汽机（英国 1905 年制造）

资料来源：作者自摄

三、政府对工业遗产的保护意识的提高与工业遗产进入本体保护（2010—2016）

2010 年重庆市编制通过了《重庆抗战遗址保护利用总体规
划》，明确了历史文化风貌片区、工业遗产、川盐古道、南宋抗
蒙军事防御遗产、水下文化遗产、大遗址等需要重点保护的对
象，工业遗产首次被纳入抗战遗产的保护对象。《重庆市城乡总
体规划（2007—2020）》（2011 年修订）中明确提出 29 处工业遗
产要严格按照国家相关法律法规进行保护。重庆大学城市规划与
设计研究院根据 2008 年重庆市规划局和重庆社会科学院的联合
课题"重庆市工业遗产保护与利用规划研究"的成果，编制了
《重庆市工业遗产保护与利用总体规划》，提出了重庆市工业遗产
名录（见表 7-1）。虽然这个规划最终没有正式出台，但是给后

面的历史文化名城保护规划提供了工业遗产的依据。2015年重
庆市人民政府批准实施《重庆市历史文化名城保护规划》，这是重
庆市第一个法定历史文化名城保护专项规划，29处工业遗产被纳
入历史文化名城保护范畴，其中包括优秀历史工业建筑10处（见
表7-2）。该规划明确工业遗产必须按照分层分片控制、分级分类
保护、突出地方特色、强调永续利用的理念进行规划管理。

表7-1　重庆市工业遗产名录（2011年）

序号	名称	年份	辖区	地址	内容
1	原汉冶萍钢铁联合企业及国民政府钢铁迁建委员会旧址	1890年创建，1938年迁渝	大渡口区	大渡口区李子林钢铁路66号	原厂办公楼（红楼）、原重庆钢铁公司高线厂办公楼（小洋楼）、20世纪50年代炼钢厂房、20世纪60年代中板厂厂房、大型轧钢车间、1938年锻造厂房、钢花电影院、渝钢村住宅楼（一栋）、原交警招待所、800HP双缸卧式蒸汽机、蒸汽火车机车、炼铁厂高炉（一组）、炼焦炉（一段）、山顶储气罐、铁路（一段）
2	原金陵制及国民政府兵署第21工厂旧址	1862年创建，1938年迁渝	江北区	长安厂大石坝厂区	精密仪器厂办公楼、5-207厂房、原国营江陵机器厂职工住宅（一幢）
3	重庆电气炼钢厂	1919年	沙坪坝区	双碑特钢厂	抗战时期办公楼、苏式办公楼、建厂纪念碑、文星宫地下发电站、炼钢设施和设备

续表7—1

序号	名称	年份	辖区	地址	内容
4	四川丝业股份公司厂房	1909年	沙坪坝区	磁器口重庆绢纺厂内	厂房一栋
5	英国亚细亚石油公司炼油厂、民生公司修造船厂建筑群	1919年	江北区	唐家沱东船舶公司修船厂内	厂房、仓库、办公楼、别墅两栋
6	重庆自来水厂旧址	1927年	渝中区	打枪坝净水厂	纪念塔、净水池
7	重庆电力厂旧址	1927年	渝中区	大溪沟城区供电局	专家楼
8	国民政府兵工署第五十工厂厂房	1931年创建，1938年迁渝	江北区	郭家沱望江厂内	铜锣峡岩壁生产洞、码头区老厂房
9	四川天府矿业股份公司旧址	1933年	北碚区	天府镇天府煤矿	北川铁路遗址、维修厂（金工车间、烟囱、办公楼）、职员住宅、后峰湖、碉堡、一号矿井、白庙子街区
10	晒网沱盐仓库建筑群	1936年	合川区	滨江路晒网沱	仓库建筑群
11	816地下核工程	1966年	涪陵区	白涛镇建峰化工厂	核原料生产工程（含中央机房、库房、避难所、导洞、山顶通气囱等）、一碗水烈士陵园、水厂、过江桥梁等

序号	名称	年份	辖区	地址	内容
12	西南铝加工厂压延和锻造车间厂房	1965年	九龙坡区	西彭镇西南铝加工厂	压延车间厂房、锻造车间厂房、3万吨立式水压机、1.25万吨卧式水压机、冷轧机
13	四川仪表总厂	1965年	北碚区	四川仪表四厂、四川仪表六厂内	四川仪表四厂办公楼、四川仪表六厂集成电路楼
14	汉阳兵工厂及国民政府兵工署第一兵工厂	1890年创，1938年迁渝	九龙坡区	鹅公岩建设厂	生产洞
15	江南制造局龙华分局子弹厂及国民政府兵工署第二十五兵工厂旧址	1875年创建，1938年迁渝	沙坪坝区	双碑家嘉陵厂	抗战时期的烈士纪念碑、电气熔铜生产洞
16	国民政府兵工署第二十六兵工厂旧址	1945年	长寿区	长寿化工厂	机器设备
17	国民政府第二飞机制造厂旧址	1939年迁渝	南川区	丛林镇	海孔村生产洞
18	周恒顺机器厂办公楼	1908年创建，1938年迁渝	巴南区	李家沱水轮机厂	周恒顺旧居（办公楼）
19	豫丰纺织机械厂旧址	1941年	九龙坡区	杨家坪铁马厂	锻造车间、箱体车间和压型车间厂房、坦克艺术中心仓库

续表7-1

序号	名称	年份	辖区	地址	内容
20	中国汽车制造股份公司华西分厂旧址	1936年	巴南区	道角重庆机床厂工具分厂	金工车间厂房
21	攘渡电厂	1928年	万州区	攘渡电厂	机房、水坝
22	重庆发电厂	1952年	九龙坡区	黄角坪重庆发电厂	240米高烟囱2座、发电主厂房、大门
23	武汉裕华总公司重庆裕华沙厂旧址	1919年创建，1939年迁渝	南岸区	窍角沱重庆棉纺三厂	大门
24	狮子滩水力发电厂	1954年	长寿区	长寿湖狮子滩	发电厂房、水坝
25	国营川东造船厂	1967年	涪陵区	李渡镇川东造船厂	船坞及主厂房
26	四川维尼纶厂	1970年	长寿区	晏家川维厂区	生产设备
27	重庆罐头厂旧址	1956年	巴南区	铜罐驿重庆罐头厂	专家招待所
28	南川綦江三线建设工业旧址	1966年	南川区	綦江齿轮厂、綦江冶炼厂、松藻矿务局、南桐矿务局、天星仪表厂、红山机器厂等	天星仪表厂工人宿舍
29	江津三线建设军工厂旧址	20世纪60年代	江津区	重庆增压器厂等	

资料来源：根据重庆大学城市规划与设计研究院《重庆市工业遗产保护与利用总体规划》整理，作者自制

表 7-2　重庆市第一批优秀历史工业建筑名录（2010）

编号	建筑名称	区辖
1	火柴原料厂旧址	渝中区
2	重庆望江工业有限公司中码头厂房	江北区
3	天府发电厂维修车间	北碚区
4	重庆特殊钢厂旧址	沙坪坝区
5	长安精密仪器厂汽车零部件库房	江北区
6	国营红山铸造厂	南川区
7	国营晋林机械厂旧址建筑群	万盛区
8	慈云寺重庆茶厂建筑群	南岸区
9	中央电影制片厂旧址	南岸区
10	木洞粮仓	巴南区

资料来源：根据重庆市规划局提供数据整理，作者自制

　　一系列规划的出台，对重庆工业遗产保护起到了至关重要的作用，对于被纳入各规划的工业遗产，免除了其被拆除的危险。同时一些区县政府以及企业开始意识到工业遗产的不可再生性和重大的经济价值，对本区未进入市级名录的工业遗产也加以保护与利用。这一时期重庆市工业遗产更多的是进行本体保护，工业遗产利用的体量小、规模不大、影响也较小。其中也不乏成功的案例，比如江北区利用重庆白猫日化厂改造的喵儿石创艺特区、江北纺织仓库改造的北仓文创街区，九龙坡区利用重庆棉麻公司滩子口仓库改建而成的京渝国际文创园，南岸区利用原重庆铅笔厂和明月皮鞋厂老厂房保护与改造利用而成的凯德·拾光里，渝中区利用重庆印刷二厂改建而成的重庆鹅岭二厂文创公园，涪陵区利用816地下核工程打造的工业遗产旅游，等等。这一时期，重庆对于大型工业遗产地段的保护与利用尚处于规划设计建设阶段。

四、专项保护规划出台与重庆工业遗产多层次保护体系构建（2017— ）

2017 年重庆市规划局委托重庆大学城市规划与设计研究院再次就重庆工业遗产做规划编制。该规划是 2011 年规划的一个升级版，建立了重庆市工业遗产价值评价体系，逐一分析、评定纳入规划范畴的各工业遗产的历史价值、科技价值、社会价值、艺术价值、稀缺性价值。其通过价值评价分值将工业遗产划分为 3 个保护级别，分别确定保护要求。规划最终确定了 96 处工业遗产，其中主城区 45 处，其他区县 51 处，从工业遗产的分布可以看出，与以往更重视主城区的工业遗产相比较，该规划对区县的工业遗产也同等重视。从工业遗产的所属辖区来看，九龙坡区和綦江区的工业遗产最多，分别有 12 处。位于区县的 51 处工业遗产，主要分布在綦江、合川、长寿、万州、永川、江津、万盛经开区、涪陵、武隆、南川等地。96 处工业遗产时间分布以抗战和三线建设时期为主。专项规划的出台意味着重庆工业遗产保护与利用正式走上了法制的轨道。

2017 年，重庆建川博物馆聚落利用抗战时期国民政府兵工署第一兵工厂的所在地打造全国首个洞穴抗战博物馆聚落，由 24 个防空洞打造的 8 个博物馆组成的博物馆聚落，包括兵器发展史博物馆、军政部兵工署第一兵工厂旧址（汉阳兵工厂）博物馆、抗战文物博物馆、重庆故事博物馆、民间祈福文化博物馆、中国囍文化博物馆、票证生活博物馆、中医药文化博物馆 8 个主题博物馆。该馆于 2018 年 6 月中旬正式开馆。2017 年 12 月，重庆钢铁公司型钢厂入选工业和信息化部公布的国家工业遗产名单（第一批），目前重庆正在原重庆钢铁公司型钢厂上打造重庆工业文化博览园。博览园占地 142 亩，总规模 14 万平方米，由重庆工业遗址公园、重庆工业博物馆及文创产业园 3 部分构成。

这些国家级工业遗产项目与市级、区级工业遗产项目共同构成了重庆多层级的工业遗产保护体系。

第二节 重庆工业遗产保护与利用的主要模式

工业遗产既是生产力发展的产物，又是一个集政治、经济、文化、社会等因素于一体的综合性产物，具有多角度、多层面的特点，因此对工业遗产保护与利用可以采用的模式也是多样化的。重庆工业遗产保护与利用的主要有主题博物馆模式、创意产业园区模式、文化休闲旅游模式、购物休闲模式等。以上几种工业遗产利用模式并不具有排他性，每个模式也可能有交叉。工业遗产根据自身及环境特点采用一种或多种利用模式，比如重庆钢铁公司型钢厂遗址就同时采用了主题博物馆模式、公共休憩空间模式和文化创意园区模式。

一、主题博物馆模式

20 世纪七八十年代，国际社会的文物保护意识开始日益增强，建立博物馆在以德国为代表的西方国家成为潮流，出现了所谓的"博物馆化现象"①。一系列工业遗产博物馆的诞生昭示着技术类博物馆新形式的出现。在工业遗产地上建立起来的工业遗产博物馆和传统意义上的博物馆有明显的区别。从展览内容上看，工业遗产博物馆一般是选取某方面的题材作为陈列重点；从实际功能看，它突破了传统博物馆的展示基本功能，更大意义上是对工业或者与之相关联元素的多元展示。

主题博物馆模式指改造老工业厂房、设施、设备，形成博物

---

① 王清：《二十世纪德国对技术与工业遗产的保护及其在博物馆化进程中的意义》，《科学文化评论》，2005 年第 6 期，第 120 页。

馆、展览、休闲、文化等功能集聚的综合区域，发挥工业遗产的优势，使其在当代环境中既保留过往记忆，又拥有全新的活力；或利用其空间举办工业相关主题博览，并与招商、商务交流和交易、旅游等活动融合。

重庆工业博物馆是典型的主题博物馆模式。重庆工业博物馆规划有 95 亩，建筑总规模约 11 万平方米，其中地上建筑 9 万平方米，主要由旧厂房改造而成。建成后，园区里包括工业博物馆的主展馆约 5000 平方米，行业展馆约 1.5 万平方米，以及多个体验式展场。博物馆以博物馆业、博物馆辅助业（教育、培训、咨询、鉴定）为主要业态，打造工业主题体验中心。博物馆展现了重庆工业在我国工业发展史中创造的无数个工业文明经典，使重庆工业文明永载史册。

位于九龙坡区谢家湾的重庆建川博物馆聚落也是主题博物馆模式，博物馆利用抗战时期重庆人民生产和生活的重要场所——防空洞打造而成。这里曾是 1949 年前国民政府军政部兵工署第一兵工厂所在地，博物馆以抗战、兵工为主要题材，辅以地方特色文化，形成以博物馆聚落为核心，相配套的商业业态为支撑的特色文化旅游项目。

位于涪陵区白涛镇的 816 地下核工程是世界第一大人工洞体、中国唯一解密核反应堆。2010 年 4 月，816 洞体工程的部分区域作为旅游项目正式对外开放，2015 年重新改造调整，2016年 9 月再次对外开放。该项目的规划目标是打造成为集核科普中心、爱国主义教育基地及互动体验中心为一体的主题博物馆。

二、创意产业园区模式

将轻资产的文化创意产业与厂房仓库等工业遗产相结合，是促进工业遗产快速有机更新的低成本路径。老厂房、旧仓库背后所积淀的工业文明和场地记忆，能够激发创作灵感，加之宽敞开阔的结构可随意分隔组合布局,受到创意产业从业者的青睐。如今大多数利用工业遗产改造的创意园区已经从创意者自发聚集转向政府或者企业引导。工业遗产场地重建而成的创意产业集聚区已经开始成为一个个城市文化符号。

重庆喵儿石创艺特区(见图7-2)前身为20世纪70年代的重庆白猫日化厂,厂区具有丰厚的历史底蕴,曾风靡重庆的白猫、蜀秀、鹅牌洗涤用品都出自该厂。老厂区变身为喵儿石创意特区以后,重庆未来之家置业有限公司聘请了世界十大创新设计师事务所之一的荷兰著名的MVRDV建筑设计事务所,在尊重原有建筑的基础上对建筑外观进行升级改造,既保留了老厂区的历史底蕴,又注入了新的活力。园区LOGO由中国顶级广告公司奥美设计,并获得2015年IAI国际设计大奖。园区分为两期打造,总面积约5万平方米。一期以文创内容为主,二期以剧场+美食一条街为主,整个项目计划总投资2亿元,项目定位于"互联网+文化产业+体验式商业+创投空间"的第三代文创园新模式,集结文化艺术、创意孵化和体验式生活美学三大核心板块。园区一期于2016年7月28日开园,二期于2018年年底建成。园区的"喵儿石文化节""喵儿石创艺市集"等文化艺术创意活动已成为文化品牌,吸引入驻文化创意企业137家。

图7-2　喵儿石创艺特区

图片来源：作者自摄

2015年11月初，由大渡口区茄子溪街道牵头打造的艺度创·文化创意园正式对外开放，在保留具有70多年历史的重庆石棉厂原厂风貌的基础上，将其精心设计改造成为一个新生文化创意产业基地。该园区目前业态以工艺美术类企业为主，广告策划类、现代艺术类、微电影微视频制作类企业为辅。根据规划将逐步细分为工艺美术、影视动漫、当代艺术、广告策划等多个创意聚集区。

位于南坪东路18号的N18Loft小院，前身是1953年公私合营的重庆金心印制厂，1964年更名为重庆印制五厂。目前业态主要为文化休闲、手工创意、专业设计和婚纱摄影。

由原重庆棉麻公司滩子口仓库改建而成的京渝国际文创园，是一个集创意设计、影视后期制作、数字音乐制作、动漫体验、极客公园平台、创意人才培训于一体的产业链，现已有能容纳150家企业入驻、2000人工作、生活和休闲的规模。

迄今为止，除以上介绍的项目外，重庆已经建成坦克仓库艺术中心、501艺术基地、金山意库、枇杷山后街影视文创园、重庆鹅岭二厂文创公园等。长安1862、沙磁文创园等正在建设进程中（见表7-3）。

表7-3　主城九区文化创意园一览表

辖区	创意园区名称	地址	工业原名	简介	状态
九龙坡区	四川美术学院坦克库·重庆当代艺术中心	九龙坡区黄桷坪108号	空压厂坦克仓库	美术工作室、艺术机构、摄影写真公司、数字动画公司以及剧场	已建成，于2006年投入使用
	501艺术基地	九龙坡区黄桷坪	华宸储运公司物流仓库	工作室涉及绘画、雕塑、摄影、设计、动漫、演艺等艺术门类，艺术家工作室、艺术酒吧等空间的开放，也使501艺术基地展示出具有国际化色彩的SOHO式艺术区	已建成，2006年投入使用
	京渝文创园	九龙坡区黄桷坪滩子口	重庆市供销社棉麻公司滩子口仓库	以数字影像为核心，打造影视后期产业、动漫体验产业、极客公园平台等三大业态，构建集创意设计、影视后期制作、数字音乐制作、创意人才培训一体的产业链，重庆美电传媒有限公司、美国篮球学院（USBA）、重庆动感影视有限公司等已经入驻	已建成，于2016年投入使用

208

续表7-3

辖区	创意园区名称	地址	工业原名	简介	状态
江北区	北仓文创街区	警备区建新北路一支路塔坪55号	江北纺织仓库	一期以城市图书馆、"互联网＋"体验店为主题，打造全套生活方式落地的文创生态圈。二期打造青年公寓、创意办公和文化产业孵化基地为一体的青年社区。三期以文化集市、创投基地、国际文化交流为中心	一期于2016年投入使用，二期于2018年投入使用
	喵儿石创艺特区	江北区建新西路17号	白猫日化厂	项目定位于"互联网＋文化产业＋体验式商业＋创投空间"的第三代文创园新模式，集结文化艺术、创意孵化和体验式生活美学三大核心板块	2016年一期已投入使用
	长安1862	大石坝街道忠努沱瓦厂嘴社区、前卫社区	军政部兵工署第十工厂	利用旧工房、防空洞、老码头等，布局兵器工业体验馆、文化艺术品交易市场、演艺剧场以及滨水文化休闲区等现代多元化文化形态，形成以兵器工业与抗战文化为背景、体验经济为主导、文化价值为重点，商业与旅游目标为一体的创新经济的文化创意区	在建中

续表7-3

辖区	创意园区名称	地址	工业原名	简介	状态
沙坪坝区	重庆S1938国际创客港	毗邻重庆大学及磁器口古镇	重庆缝纫机厂	规划形成以设计服务、文化传媒、电子商务、时尚餐饮、主题酒店、影视娱乐、互动体验为主的大型数字创意产业园区，嘉兰图、元象设计、金逸电影、重庆大学校友会等知名企业已经入驻	2017年建成并投入使用
	华包集团文创园	沙坪公园旁	华达地块、华亚地块	以工业遗址为资源依托，以文化创意集群为产业发展方向，是具有文创市集、文化餐饮的工业文明综合体	在建中
	特钢1935项目	双碑团结坝	沙坪坝区双碑东华特钢厂	项目集聚创意科技旅游能量，链接全球文化产业资源，以文化创意与设计服务、文化艺术服务、文化休闲与娱乐服务等为支柱产业，造就科技体验龙头、文化创意高地、国际交流窗口	在建中
	沙磁文化产业园	南以土湾滴水岩为起点，北至原特钢厂区，东以嘉陵江为界，西至烈士陵园	重庆特殊钢厂	在中东西三大片区推进巴渝老街、特钢文化创意园区、磁器口码头、凤凰山公园等七个重点打造项目。以创建国家级文化产业园为目标	在建中

续表7-3

辖区	创意园区名称	地址	工业原名	简介	状态
渝中区	重庆鹅岭二厂文创公园	渝中区鹅岭正街	民国政府中央银行制币厂	特色咖啡店、清吧、创意办公室以及纯艺术性的涂鸦吧和剧场等	已建成并投入使用
	燕子岩山城后街影视文创园	渝中区枇杷山后街79号	重庆印刷一厂	规划影视机构、影视教育、影视时尚、影视旅游、影视主题酒店、影视主题商业中心六种业态，杭州二更网络科技有限公司重庆站、重庆后街影视文化传媒有限公司、重庆正合梦想摄影有限公司等多家企业已签约入驻	已建成并投入使用
南岸区	N18Loft小院	南岸区南坪东路18号	重庆印刷五厂	包含文化休闲、手工创意基地、婚纱摄影基地、婚庆基地四大业态的文创园区	已建成并投入使用
大渡口区	大渡口艺度创·文化创意园	茄子溪街道	重庆石棉厂	打造以创新性工艺美术类企业为主，广告设计类、现代艺术类、影视动漫类企业为辅的文创企业园	2015年建成开放
两江新区	金山意库	两江新区出口加工区	出口工业园的工业厂房	集文化艺术、创意设计、观光休闲及其配套设施与公共服务为主的文化创意产业园区	2016年至2018年分四期开园

续表7—3

辖区	创意园区名称	地址	工业原名	简介	状态
北碚区	莫氏7°文创产业园	重庆市北碚区黄桷正街34号	北碚北源玻璃厂	园区有文创孵化空间、玻璃吹制刻花体验空间、玻璃艺术工坊、3D输出制作中心、体验式博物馆等	2018年8月一期开园

资料来源：根据重庆市文化委提供数据整理，作者自制

三、公共休憩空间模式

结合城市开放空间、公共绿地和景观建设的需求，选取一部分有特色的厂区，进行景观再造，将其改造成城市景观公园或游憩场地，作为城市的文化休闲场所，这也是工业遗产再利用过程中的一种常见模式。国内外工业遗产的实践证明利用工业遗产地作城市开敞空间是一个很好的方式。利用场地的工业元素进行景观改造，设计出现代感强同时又记录和体现过去的空间形态，将工业建筑群植入新的功能，协调融入周边的整体环境，通过艺术手段处理过的工业构筑对于改善城市环境有着重大的作用。

在重庆钢铁公司型钢厂址上打造的重庆工业遗址公园，就是公共休憩空间模式的典型范例。工业遗址公园和博物馆呈环抱之势，在尊重重庆钢铁公司型钢厂既有风貌的前提下，设计了两个广场和两条轴线，打造工业遗址公园。横轴线"记忆之路"主要展现历史文化传承，纵轴线"荣耀大道"则展示了重庆钢铁（集团）有限责任公司的历史发展进程。遗址公园以文物厂房及工业遗存为背景，以工业雕塑为特色，将其塑造成兼具观赏性和互动性的独特景观。工业遗址公园以及东侧铁轨广场等室外环境，对大型设备、器材及工业遗存进行创意改造艺术化加工，形成特色雕塑小品与工业景观，配套建设体现工业文化元素的主题

酒店。此外，园内将依托厂区过去的货运铁路线建成小火车线路。游客可乘坐复古小火车，在园内慢慢游览，穿越百年工业史。

目前万盛经开区正在国营晋林机器厂旧址打造三线兵工文化旅游区，计划 2020 年建成，旅游区围绕"兵工抗战、三线建设"文化主线，从旅游、影视、体验、探秘、怀旧和国防教育等方面进行整体深度开发。

位于綦江区的原重庆钢铁公司第四钢铁厂旧址，正在打造"四钢记忆"工业主题文化旅游景区，充分利用该企业的老厂房和厂区结构进行包装，重现钢厂昔日面貌，景区包括渝工集市、工业主题餐厅、怀旧影视基地、潮厂音棚、艺术工作室、蒸汽机观光旅游、CX 对战演练、青年旅社、机器展览馆等。今后，这里将成为重庆市乃至全国为数不多的工业主题影视剧拍摄基地，也将成为綦江首个工业主题文化公园景区。

位于南川区南平镇红山村向家沟的红山铸造厂是三线建设时期承担高射火炮配套生产的军工企业，将原来的幼儿园、子弟校改造成为神龙峡景区游客接待中心，使工业遗产得以保存。

四、购物休闲模式

购物休闲模式指在交通便宜的老工业区或者地段建立购物中心，配置餐饮、酒吧、咖啡馆、健身馆、儿童游乐场、教育培训等设施及场所，进行集购物、餐饮、休闲娱乐于一体的综合性开发。凯德·拾光里是一个对重庆铅笔厂和明月皮鞋厂老厂房进行保护与改造利用的综合性项目。该项目在对现存厂区遗址建筑保留原有建筑风格的前提下，将其改造成集餐饮、休闲、文化创意于一体的商业区，通过对传统工业符号的再现，强化了工业历史氛围，增添了体验性和趣味性。

上述四种模式在工业遗产价值重现上效果不同，各有优劣。

工业博物馆有助于充分阐释遗产价值，但经济价值回报相对较低。文化创意产业园注重对空间价值的高效利用，追求最大限度的经济价值，工业遗产的基础价值则反映不够。购物休闲模式实现了工业遗产的空间价值、区位价值等经济价值，工业遗产基础价值阐释效果不佳。而公共休憩空间模式相对来讲在遗产价值阐释和经济价值实现方面都有不错的效果。

第三节　重庆工业遗产保护与利用的典型案例

从 1997 年重庆直辖至今，重庆工业遗产在保护与利用方面不断探索实践，目前一些项目已经有较大的影响力，以重庆工业遗产博览园、重庆建川博物馆、重庆鹅岭二厂文创公园、北仓文创街区等为代表的主题博物馆、景观公园、创意产业园，成功将工业遗产植入现代城市中。

一、重庆工业文化博览园

（一）重庆钢铁（集团）有限责任公司简介

重庆钢铁（集团）有限责任公司是一家有着百年历史的大型钢铁联合企业，前身是 1890 年中国晚清政府创办的汉阳铁厂。1938 年 3 月，汉阳铁厂从武汉西迁至重庆。1950 年该厂生产了第一根钢轨，在业界享有"北有鞍钢，南有重钢"的美誉。重庆钢铁（集团）有限责任公司造就了大渡口区几十年的工业辉煌。2007 年，根据市委市政府的决定，重庆钢铁（集团）有限责任公司开始由大渡口区陆续迁往长寿区，2011 年 9 月 13 日重庆钢铁（集团）有限责任公司标志性的生产设备、最大容积的高炉——1350 立方米的 4 号高炉正式熄火停产，标志着老厂区开始陆续全面关停。2011 年 9 月 22 日，重庆钢铁公司型钢厂轧制完成最后一根钢材，大渡口老厂区钢铁生产全面关停并于当年完成整体搬迁。

（二）从重庆工业博物馆到重庆工业文化博览园

作为重工业城市的标志，"十里钢城"的大片厂房和许多重型设备面临被全部拆除的危险。2007年部分重庆市政协委员提出应当借鉴世界各国以及国内工业遗产保护与利用的成果经验，不宜简单地将"大渡口重钢地块"用作房地产开发，而应加强对该片区土地、厂房用途的指导，采纳文物保护专家的意见，尽早作出规划。2007年3月18日，重庆渝富资产经营管理集团与重庆钢铁（集团）有限责任公司签订了土地收购协议。2007年6月重庆市人民政府批准《重庆市主城区重钢片区控制性详细规划》，对原重庆钢铁公司型钢厂区内遗存的工业遗产提出了控制和保护要求，划定了工业遗产保护区。保护区内存有20世纪30年代、50年代、70年代、80年代四个主要发展时期留存的轧钢厂等工业厂房和蒸汽机等工业设备。保护区的划定和重钢片区滨江岸线资源相结合，为进一步打造滨江休闲住区奠定基础。2008年由重庆市规划局和重庆社会科学院共同承担的《重庆市工业遗产保护与规划研究》指出：可借鉴德国鲁尔工业区和英国伦敦码头区的改造模式，即进行整体性和综合性保护再利用；可建一座重庆工业遗址公园和住宅、商务、娱乐等设施，并辅之以相应的环境改造，使之集住宅、商务、休闲、娱乐等功能于一体，成为重庆最具代表性的工业遗产保护利用项目和工业遗产旅游项目[①]。2011年重庆工业博物馆项目被列入重庆市"十二五"市级重大社会文化项目，至此，以重庆钢铁公司型钢厂老厂区建筑遗址（见图7-3）为代表的重庆工业建筑遗产保护与利用开始正

---

① 重庆市规划局、重庆社会科学院：《重庆工业遗产保护与利用规划研究》，2009年，第55页。

式列入政府层面的工作重点和支持项目，成为启动大渡口新城建设的重要环节。2012年6月25日重庆市发展和改革委员会下发《关于同意开展重庆工业博物馆项目前期工作的函》，批准渝富公司开展重庆工业博物馆前期项目建设。

图 7-3　重庆钢铁公司型钢厂旧址

资料来源：作者自摄

项目建设业主单位渝富集团认为本项目不同于传统的产业园开发，其自身承担着工业遗迹保存、带动区域经济发展、做强重庆文化产业、活化当地商业市场等多种职能，在进行定位规划时，不能只重视其中一点或单纯发展产业，更需要兼顾经济效益、社会效益和环境效益等考量，在项目规划中，要坚持综合、多样和跨界的方法，整合多种社会资源，为我所用。和普通的城市博物馆不同，重庆工业博物馆和创意产业园区的功能和形态更加复合，在新区建设中的引擎作用以及未来的城市生活中的引导作用都更为重要。通过系统科学的调研、分析，把握未来重庆城市发展与文化创意产业的发展方向与趋势，结合重庆钢铁公司型钢厂旧址的地域、历史、文化资源等特点，渝富决定以工业博物馆为核心，有机融合"文、商、旅"多元产业，形成一体化的新产业形态，打造成为重庆工业遗址与文化创意产业及商业融合的大型综合文创产业示范项目和新兴旅游目的地，整合出一个多元复合的城市特色文化社区和工业博览园区。

（三）重庆工业博览园概况

重庆工业文化博览园占地 142 亩，总规模 14 万平方米，由重庆工业遗址公园、重庆工业博物馆及文创产业园 3 部分构成。博览园具有良好的区位优势和完善的交通体系。工业遗址公园已于 2017 年对外开放，整个博览园项目于 2019 年上半年全面完工。

工业博览园业态以工业旅游、文化休闲、品质生活、商业配套为主（见图 7-4）。工业博物馆组团包括工业博物馆、未来馆和体验馆等体验类设施，以及信息中心、会议中心、游客服务中心、博物馆商业配套、后勤用房等相关配套设施。重庆工业博物馆全景式地展现了重庆工业化的诞生、成就、变迁、重生的历程，以工业主题为线索，以讲故事的方式把历史、空间、产品与重庆这个城市、这个工厂、这里的人以及他们的情感紧紧联系在一起。工业遗址公园打造公共休憩空间，以工业景观、休闲娱乐、精品酒店为主。文创产业园以文化创意产业集聚为先导，打造重庆乃至西部现代服务业集聚示范区；集聚现代服务业中的设计、研发、营销等高附加值的产业环节，并配以良好的商业配套及品质生活功能，提供 LOFT 办公环境、灵活多变的开敞式空间。娱乐业态以工业旅游、文化体验、主题餐饮、音乐会所、休闲咖啡、艺术酒吧、特色产品展示等为主。博览园还将打造精致、便捷、高效的生活配套以及绿色的生态环境（见图 7-5）。

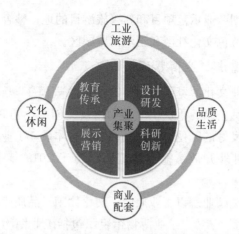

图 7-4　重庆工业文化博览园项目功能及业态规划
资料来源：重庆渝富置业有限公司供图

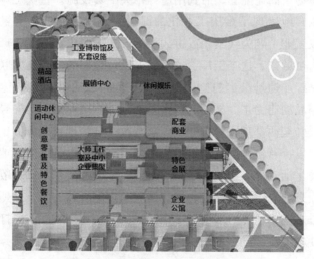

图 7-5　重庆工业文化博览园空间布局
资料来源：重庆渝富置业有限公司供图

（四）多方参与的建设模式

重庆工业文化博览园依靠多方参与的建设模式，使项目得以顺利推进。一是成立专门的领导机构。重庆工业博物馆建设领导小组成员由分管文化事业的副市长、文广局副局长、重庆中国三峡博物馆、重庆渝富资产经营管理集团等单位领导成员组成，根据博览园的工作进程，该小组于2013年9月撤销。该小组作为工业文化博览园专门的建设指导机构，在项目推进初期对于整合各方力量，协调各方利益起到了关键的作用。二是成立重庆工业博物馆文物及展品征集组，由市文化广电局副局长、重庆工业博物馆建设领导小组办公室副主任任组长，市国资委、市经济信息委、重庆中国三峡博物馆、西南兵工局、重庆船舶公司、重庆渝富资产经营管理集团有限公司、重庆钢铁（集团）有限责任公司等部门和单位有关人员组成，市工商联及各重要民营企业、社会个人都加入支持工业博物馆的建设和文物展品征集工作中来，无偿捐赠了大量有价值的文物展品。

2011年重庆市人民政府办公厅出台《重庆工业博物馆文物及展品征集工作实施方案》，向全社会征集反映、记录重庆工业发展各个不同历史阶段的代表性实物；鼓励全市各产业集团、行业、企业、单位及个人进行自愿捐赠，同时在保留所有权不变的情况下，对文物以代为保管、租借等多种方式进行征集。此后文广新局（现文化旅游委员会）、国资委等部门单独或联合先后多次发文协调支持重庆工业博物馆项目建设，各方的协调配合使重庆工业博物馆顺利推进并如期开馆。

二、816地下核工程

（一）816地下核工程简介

三线建设是新中国工业发展进程中一段不可磨灭的记忆，位于重庆市涪陵区白涛镇的816地下核工程是一个极具代表性的三线建设时期工业遗产。工程从1967年开始动工，经过17年的建设建成大型洞室18个，是为制造原子弹提供核原料的地下核工厂。随着国际国内形势的变化，1984 年 816 地下核工程全面停工，当时已完成 85％的修筑工程，反应堆初具规模，道路、桥梁、水电、生活等配套设施基本建成。2003 年 4 月 816 地下核工程解密。

816 地下核工程遗址总建筑面积达 10.4 万平方米，大洞室 18 个，道路、导洞、支洞、隧道及竖井等 130 多条，所有洞体的轴向线长叠加达 20 多公里。洞内最大洞室高达 79.6 米，侧墙开挖跨度 25.2 米、拱跨度 31.2 米，规模宏伟，震撼性强。洞中有洞，洞中有楼，楼中有洞，洞中有河，室内楼层功能分布明显，隔离性强，宛如迷宫，具有独特的结构之美。其洞体设计和建设代表了当时建筑设计、工程建设的最高水平。该工程设计在 1978 年曾获国家科学大会奖集体奖。

2018 年 1 月 27 日，816 地下核工程（816 景区）以其科学的独创价值、项目的宏大规模、设计施工建设的复杂度及高完成度入选"中国工业遗产保护名录"。

（二）从工业遗产到三线军工特色小镇的建设

2010 年 4 月，816 地下核工程以工业旅游产品的形式对游客开放。2014 年景区停业升级改造，2015 年重新对外开放。景区由 816 烈士陵园、816 地下核工程、机修厂（816 三线文化创意园）三部分组成。地下核工程部分迄今为止开放了代号 101、104、105、221、229 区域，全程游览时间从最初的 1 小时增加到 3 小时左右。

2015 年，景区首先对硬件设施进行了升级改造，包括对景区入洞口地下通道进行装修，规范设置停车场，改造游客中心，配套设置票务中心、导览宣传资料、游客休息区、放映厅，制作公共信息图形符号标志牌，增设主要景点、景观介绍牌，新建和改建旅游厕所等，为游客提供了更优的体验感。其次对洞内展览的提档升级增强了趣味性：洞内 104 区域增设中国第一颗原子弹爆炸场景和汽轮发电机组工作场景；洞内 101 区域对 8 楼核反应堆大厅的 2001 根工艺管进行恢复，通过声光电技术的改进，向游客展示了核裂变的相关过程。

2016 年，建峰集团启动了 816 地下核工程申报国家级和世界级工业文化遗产的工作，提出以遗产保护利用为核心，以旅游度假、医养结合、科技农业、文化创意为载体，打造三线军工小镇旅游区的理念和思路。建峰集团制定了《816 三线军工小镇建设规划》，规划提出三到五年内有效整合 816 地下核工程区域超大规模的军事工业遗存、烈士陵园和闲置的工业厂房、设施、设备及土地资源，结合农耕文化、三线文化、工业遗产文化打造复合旅游景观。

（三）阻碍三线军工特色小镇建设推进的因素

三线军工小镇建设是一个系统工程，需要持续地推进，目前小镇建设基本还停留在规划层面，阻碍其建设推进有几个因素：一是企业作为建设主体不可避免地会受到企业经营理念、发展战略以及高层的变动等不确定因素的影响；二是对小镇的相关文化资源的产权关系、开发模式、文化内涵研究不够；三是小镇与 816 三线军工相联系的内涵关联度不高，住宿、餐饮、交通等配套设施严重滞后。

三、重庆建川博物馆

（一）军政部兵工署第一兵工厂简介

军政部兵工署第一兵工厂的前身是洋务运动代表人物张之洞主持创办的军工制造企业汉阳兵工厂，抗日战争全面爆发后，1939 年 9 月内迁至重庆谢家湾，与河南内迁的巩县兵工厂合并，成立"军政部兵工署第一兵工厂"。为防止敌机轰炸，工厂在鹅公岩沿江开凿山洞，从傅家沟到龙凤溪沿长江北岸开凿了 107 个洞窟车间，是当时规模最大的一个兵工厂。在谢家湾建起的这座巨型兵工厂，不仅是当时中国为数不多的生产各式陆军用轻武器的兵工厂，也是近代中国规模最大轻武器专业兵工厂之一，为中国人民取得抗日战争的最后胜利做出了巨大贡献。新中国成立后洞窟车间变为国营重庆建设机床厂的生产厂房，后来又成为重庆建设工业（集团）所属大集体企业重庆建锋摩托车配件总厂（建锋厂）生产厂房集中地之一。2008年，重庆建设工业（集团）整体搬迁完毕，遗存的51个防空洞多数保存完好，一部分为独立洞窟，另一部分有支洞相通。

（二）政企合作的抗战兵工遗址·重庆建川博物馆聚落

2016年，九龙坡区人民政府计划依托九龙坡区一处全国重点文物保护单位——兵工署第一兵工厂旧址，打造重庆首个抗战兵工主题博物馆。2017年7月，九龙坡区人民政府与四川民营企业家樊建川签订合作协议，共同建造重庆建川博物馆聚落，聚落由重庆建川博物馆（见图7-6）、抗战兵工文化街和一个国防兵器文化主题公园三部分组成。博物馆由八个陈列馆组成：重庆故事博物馆、中国囍文化博物馆、民间祈福文化博物馆、兵工署第一工厂旧址（汉阳兵工厂）博物馆、中医药文化博物馆、抗战文物博物馆、兵器发展史博物馆、票证生活博物馆。

图7-6　重庆建川博物馆大门
资料来源：作者自摄

利用大面积的防空洞建博物馆，国内还没有先例。为了参观者和藏品的安全，在建设过程中采取了多种举措对防空洞进行排湿除污、洞体加固，对所有洞顶装上了水流引导系统，并且配置了通风除湿系统。为了体现博物馆的整体观感，专门对管道进行设计处理，使管道看上去就像防空洞的一部分。另外为了防止地面渗水，馆里设计安装了铁皮地板。通风除湿系统和排污管道的安装，使防空洞的空气湿度由90％降到60％。同时，博物馆在防空洞顶部刷上多层混凝土灰浆，加装双层钢丝网以防止落石。这些安全措施，完全能保证参观者的安全、文物不受环境损害（见图7-7）。

图7-7　重庆建川博物馆展厅

资料来源：作者自摄

重庆建川博物馆首次展出1万件文物，其中有60件是国家一级文物。同时针对重庆特殊的气候特征，夏季的闭馆时间延迟到晚上11点。

截至2018年6月，抗战兵工文化街的建筑装修已经基本完成，整条街生动再现了抗战时期重庆的街道风貌，将进行招商引资，引进文创企业，打造历史文化街区。国防兵器文化主题公园也将成为重庆市民休闲的新去处。

四、501 艺术基地

(一) 黄桷坪 501 仓库简介

九龙坡区黄桷坪位于铁路货运和长江集装箱码头附近，20世纪 60 年代，一大批工业建筑包括仓库兴建于此。1971 年 501 仓库建成，仓库面积 9228m²。其早期为战备的物流仓库，后来被业主单位华宸储运公司转租给重庆烟草公司用于存储烟草。

(二) 从艺术者自发更新到政府介入更新的 501 艺术基地

与初期的北京 798 相似，501 艺术基地的更新也是源于艺术工作者的自发行为（见图 7-8）。黄桷坪因为四川美术学院聚集了大批艺术工作者，2005 年，工业仓库廉价的租金、开敞高大的空间吸引了艺术工作者们前往，他们租用废弃的仓库，将其改造成工作室、画廊、展览厅、酒吧等。对于仓库的更新改造，从与企业方商议租赁到建筑的整体空间划分，再到内部空间和外部环境的改造，基本都由艺术工作者自发完成。华宸储运公司则负责建筑的维护和对仓库进行统一管理。2007 年，501 仓库被授予重庆市第一批创意产业基地，实现了功能的成功转型。具有特色的城市场所为周边社区带来了文化和活力。

图 7-8　501 艺术基地

资料来源：作者自摄

随着 501 仓库的改造完成和艺术氛围的逐渐增强，市场供求关系发生了改变，租金开始上涨。相比更具商业性质的酒吧、咖啡厅、画廊等，艺术工作者的生存空间被挤占，一部分艺术工作者因为无法承担租金选择离开，为了保持地区良好的艺术生态和充足的艺术人才储备，并形成城市的文化资本，政府开始介入，通过补贴仓库租金使艺术工作者受益，通过主办各种艺术活动扩大基地的影响力。政府的介入有效地减缓了市场对脆弱的艺术生态的冲击。

501 艺术基地已成为重庆最具影响力的艺术基地之一，业态包括绘画、雕塑、摄影、设计、动漫、演艺。基地目前有来自中、英、法、美、加等 10 个国家的多位年轻艺术家，拥有重庆市第一家民营独立小剧场——寅子小剧场、西南商业动画翘楚——澍矩动画、重庆首个公益性艺术空间——独立映像等文化企业（机构）、工作室 74 家。

五、北仓文创街区

（一）江北纺织仓库简介

抗日战争时期，"豫丰""裕华"等 13 家大型棉纺厂迁渝，使重庆成为战时中国主要纺织基地。建造于 20 世纪 60 年代的江北纺织仓库，坐落在观音桥商圈旁，曾经承载重庆纺织行业重要物流中转功能。20 世纪 90 年代末，企业改制，江北纺织仓库被废弃，后来转为物流仓库。江北纺织仓库是江北区所剩不多的工业遗存之一。

（二）企业主导的北仓文创街区

北仓文创街区（以下简称：北仓）是重庆中复文化创意有限公司旗下品牌之一，2016 年 10 月经过改建的北仓正式对外开放。设计者保留老建筑原有的结构及元素，将库房高大的空间、框架结构等特点与现代时尚元素相结合，重新改造成文创空间，既传承了老建筑的风韵，又植入了新的时尚创意元素，赋予纺织仓库第二次生命。中复文创投资、策划、设计及运营北仓，规划分为三期投入使用，园区开发实际投资额 1.5 亿元，目前已成为江北区乃至重庆主城区新的文化地标。

现已运营的北仓一期，建筑面积 1 万平方米，以城市文化图书馆、"互联网＋"体验店为主题，由城市图书馆、生活美学馆、文化咖啡店、艺术体验空间、无国界料理厨房、创意餐厅、创客空间、社群大厦等组成，形成全套生活方式落地的文创生态圈。2016 年 10 月，北仓图书馆开放。2016 年底 7 个特色文化项目全面开放，为市民提供了一个学习、思考、分享传播的公共平台。园区不但有咖啡馆、清酒茶堂、生活观念杂货铺等常规的文创样式，还借助互联网实现文化创意的 3D 体验、在线直播，形成了"互联网＋实体"的模式，让参与者共享文化创意的果实。

北仓二期为老民居群落，建筑面积 2.6 万平方米，着力打造集青年公寓、创意办公、文化产业孵化基地为一体的青年社区，预计在 2018 年底开放。北仓三期，建筑面积 2 万平方米，以文化集市、创投基地、国际文化交流为中心，着重于核心文化产业孵化项目成果的转换及展示，实现 24 小时的生活场＋工作场的场景营造，预计在 2020 年初亮相。最终，北仓文创特色街区将实现其完整的生态链。

北仓以城市建筑二次更新为示范，让历史时尚化，空间情境化，让人文情节的内容植入其中，让老建筑有机更新，最终与社区民众有机融合，铸造出新的城市文化生态内容。

六、重庆鹅岭二厂文创公园

（一）重庆印刷二厂简介

1941 年 2 月 1 日民国中央银行印钞厂在重庆鹅岭正街 1 号（原遗爱祠正街）成立。该厂是民国中央银行直属单位，专印钞券、税票、邮票等有价证券和政府文件。1945 年抗战胜利后该厂迁往上海。1953 年，西南军区测绘局印刷厂迁到民国中央银行印钞厂旧址，利用印钞厂的厂房设备新成立了重庆印刷二厂。20 世纪 50 至 70 年代，重庆凡是带色的纸片儿基本都出自重庆印刷二厂，重庆印刷二厂曾是当时重庆的彩印中心和西南印刷工业的彩印巨头。2012 年，重庆印刷二厂整体搬迁，原本的旧厂房被保存空置。

（二）重庆鹅岭二厂文创公园

2014 年，园区运营商邀请英国前卫设计师和艺术家威廉·艾尔索普对重庆印刷二厂大批废弃楼宇进行设计改造，威廉·艾尔索普曾成功设计改造了位于伦敦切尔西地区泰晤士河边的一座废弃奶制品厂，新型艺术空间被命名为 TESTBED1。在保持厂房外观的前提下，设计师增添了新元素，新旧共存，也令重庆印刷二厂老厂摇身变为具有时尚元素的文化创意园区，英文名为 TESTBED2（见图 7−9）。办公楼内的公共空间体验馆，为游客展示了一个现代化概念的办公理念。因为得天独厚的地理位置，7 个天台也是观赏重庆城市山水的绝佳之地。园区利用天台打造"天台文化"，举办音乐节、主题展览，使天台兼具户外休闲功能和社交功能。

图7-9　重庆鹅岭二厂文创公园（一）
资料来源：作者自摄

　　为了更好地体现重庆印刷二厂的文化内涵，展现印刷的历史，目前园区正着手打造小型的印刷博物馆，馆内将会陈设重庆印刷二厂过去的印刷设备，展示印刷制版的工艺，揭秘造币技术中水印的制作工艺。

　　文化创意园吸引了众多创意设计公司、餐饮、咖啡等企业入驻（见图7-10）。根据文创公园运营方提供的数据，从2017年6月份正式对外开放以来，重庆鹅岭二厂文创公园在工作日的平均人流量达到7000人次，周末及节假日可达15000人次，其中有60％的都是外地游客。

图7-10　重庆鹅岭二厂文创公园（二）
资料来源：作者自摄

（三）重庆鹅岭二厂文创公园的成功经验

1. 引进社群打造"粉丝经济"

邀请《从你的全世界路过》剧组将重庆鹅岭二厂文创公园作为外景拍摄地，电影在全国热播后，还未开业的重庆鹅岭二厂文创公园就迅速红遍全国。电影拍摄完后，著名导演张一白在重庆鹅岭二厂文创公园投资建设了酒店，借助他的名号重庆鹅岭二厂文创公园衍生出更多电影元素。除了名人效应，在招商的时候重庆鹅岭二厂文创公园另辟蹊径引入"社群"。从 2014 年开始，项目负责人相继拜访了建筑、设计、美工等 300 多个协会，根据重庆鹅岭二厂文创公园的定位与特点，引进了运动、手工、生活美学、美食等十几个社群的意见领袖入驻重庆鹅岭二厂文创公园，充分利用社群交流不限区域的优势，使重庆鹅岭二厂文创公园的辐射扩大到全国，社群带动"粉丝经济"渐成规模。

2. "怀旧型"建设模式推动旧城复兴

整个园区并没有大刀阔斧地拆建，而是借鉴了伦敦经验在原楼宇的基础上进行改建。改造有别于普通的简单翻新装修，重点突出重庆鹅岭二厂文创公园的特色，在对所有楼宇进行全面体检以掌握其结构的安全耐久性的基础上，采用多种技术思维解决项目限制条件多、艺术化要求高等问题，新增夹层、阳台、消防楼梯、天桥，强调结构设计为建筑艺术服务。所有建筑都"上了年纪"，外墙甚至有些破烂，而内部又各具特色，现代感与休闲感十足。重庆印刷二厂的成功改造带动了渝中区的旧城复兴，渝中区已经出台规划将把鹅岭正街打造为一条文创街区，周边社区建筑全部保留。

第四节　重庆工业遗产保护与利用反思

《无锡建议——注重经济高速发展时期的工业遗产保护》的提出表明我国关于工业遗产的保护进入新阶段，重庆以 501 仓库、坦克库等改造为开端，开始了工业遗产保护与利用的实践探索之路。经过二十多年的发展，重庆工业遗产保护与利用呈现出朝着以消费功能为主导的"体验"主题方向发展的显著特征。目前涌现了以重庆工业博物馆、重庆建川博物馆、重庆鹅岭二厂文创公园为代表的工业遗产保护与利用的成功典范。同时我们也要看到工业遗产保护与利用在实践中还存在诸多不尽如人意之处。

一、缺乏对工业遗产保护的应急保护和预见

很多工厂在关闭之后，市文物部门和规划部门还没有来得及对其进行调查研究便开始了拆迁工作。比如重庆第三棉纺织厂和化龙桥片区，当时规划部门在已经着手进行调研的情况下，由于缺乏应急保护机制，无法采取法律手段予以干涉，只能眼睁睁看着许多珍贵资料被毁坏，厂房设施被拆除，留下了无法弥补的遗憾。

目前许多仍在进行生产的老工厂没有被列入文化遗产的清单，一旦停产，由于缺乏保护依据很可能面临被拆迁损毁的危险。一些现在在建或新建的工程或厂房在多年后也可能是珍贵的工业文化遗产，因而在工业遗产的保护中，要加强预见性，用发展的眼光看问题，避免不必要的损失。

二、对非物质形态的工业遗产保护与利用有待加强

目前，重庆工业遗产保护与利用更多关注于对工业场地、构筑物或设备等实体的保护上，对于工业建筑的发展资料、生产工

艺以及精神记忆等非物质形态的工业遗产关注不够，一般简单采用博物馆图片或者模型展示的方式。随着时间的流逝和当事人的逝去，这些珍贵资料会快速流失且无法再保存。同时学术界对重庆工业遗产的相关非物质内容的研究与分析尚属空白。

三、文化创意园区同质化现象突出

文化创意园区模式是重庆工业遗产再利用的主要模式之一。通过对重庆文化创意园区的比较研究可以发现，大部分文化创意园区的整体装饰风格雷同，经营模式相似，业态单一。较多的文化创意园区缺乏创意和主题，主要以办公、体验式消费为主。园区运行的项目大多是餐厅、咖啡馆，与园区主题相关度不高，档次又多为中低端。部分利用老厂房改造的文化创意园区或处于交通滞塞的城区，或处于人气不足的市郊，举办的活动多只在业内有一定的知名度，在市民中影响力不够。政府对文化创意园区的支持一般是用地性质、配套设施和导视系统等政策支持，文创园同质化的竞争导致部分园区经营困难。例如 S1938 创意产业园，2015 年开园不久就因为招商困难停业，通过重新改造，2017 年再次开园招商；投资 5 亿元的京渝 2016 年开园后招商情况也不理想，要达到目标年产值 15 亿~20 亿元还有很长的路要走。

四、工业遗产的形式风格缺乏辨识度

重庆工业遗产建筑风格各异，有以国营望江工业机器制造厂厂房为代表的折中式，有以国营嘉陵机器厂厂房为代表的仿苏式，有以长安精密仪器厂办公楼为代表的混合式，有以国营建设机床厂洞窟车间为代表的传统民居式，有以重庆钢铁公司型钢厂为代表的重工业建筑形象，整体有较高的识别度。但从遗产单体的再利用现状来看，除内部的功能置换和空间重构有所区别外，对风格各异的建筑改扩建基本采取了雷同的形式。多数厂房建筑在基本保留原有建筑墙体、结构的基础上，采用新旧元素的对比，扩建部分一般采用新型材料如钢材和玻璃的组合。风格的雷同造成工业遗产辨识度不高。此外一些工业遗产在再利用时对工业遗产的基础价值考虑较少，不同产业类型的工业遗产再利用后没能体现工业遗产本身的产业历史文化价值，失去了保护的意义。

五、"孤点"式的保护利用难以体现遗产的整体价值

工业发展是一个长期的过程，重庆的工业遗产是一个整体，具有系统性和完整性特征，包括建筑、场地、设施、文献以及不同工业发展阶段的典型代表企业。目前工业遗产保护更注重单点的保护再利用，难以体现重庆工业遗产的整体价值。作为城市中未来有机组团中的局部，城市工业遗产既需要被城市的功能组团被动地"吸纳"，对城市与区域的要求做出有效回应，也需要以更为主动的姿态参与到城市整体的功能与空间组织之中，与城市其他的功能进行能量的有机交换。零散、孤立的保护再利用会导致大量工业遗产的宝贵资源被浪费。

六、缺乏遗产价值诠释的规范和引导，工业遗产价值诠释不足

重庆工业遗产的保护与再利用多采用建筑实物、文字标识牌、历史图片三种方式对工业遗产价值进行诠释。对于展示生产场景、工艺流程、厂区原貌的复原模型，采用结合休闲观光的人工导览，以及文创商品生产销售等方式，由于投入成本过大，除了重庆工业文化博览园之外，很少有运营者使用。总体来看价值诠释的方式比较单一，价值阐释方式的使用不成体系。许多文保标识牌只有一个保护身份名称，或者对遗产信息的介绍只有两三句，无法起到诠释价值的作用；有些历史图片和机器设备只是简

单地陈列，缺乏必要的文字说明。

七、区位劣势和社会经济发展水平导致远郊工业遗产保护与利用难度大

三线建设时期，中央出于对战备安全的考虑，对重庆工厂选址布局使用"靠山、分散、进洞"原则。此时，长江、嘉陵江沿岸已不够隐蔽，进入川黔交界的山区成为这一时期工厂地址的首选，綦江齿轮厂、松藻矿务局、国营红山机器厂、国营晋林机器厂等军工企业均建在这一带。根据统计，这一时期有74％的工厂建在崇山峻岭的渝黔交界的山区里。这些老工厂具有很高的工业遗产基础价值，但是由于其远离主城区，区位条件差，社会经济发展水平较主城区相对滞后，很多厂区周边交通等配套设施严重滞后和不足，保护与利用难度很大。

第八章　新时代重庆工业遗产
保护与利用方略

党的十九大报告指出："经过长期努力，中国特色社会主义进入了新时代，这是我国发展新的历史方位。"工业遗产的保护与利用也走过了从民间呼吁到国家重视的历程，全国意义上的工业遗产的新时代正在到来。新时代工业遗产将在优化人居环境，提升城市品质中发挥更大的作用。

第一节　新时代重庆的战略定位和战略目标

2016 年习近平总书记在视察重庆时指出：重庆是西部大开发的重要战略支点，处在"一带一路"和长江经济带的联结点上，要求重庆建设内陆开放高地，成为山清水秀美丽之地。"两点"是新时代重庆的战略定位，"两地"是战略目标和历史使命。

一、新时代重庆的战略定位

（一）西部大开发的重要战略支点

西部大开发战略是实现区域经济协调发展的一项战略政策。其目标是：经过几代人的艰苦奋斗，建成一个经济繁荣、社会进步、生活安定、民族团结、山川秀美、人民富裕的新西部，实现城市化与现代化。从经济社会发展角度看，西部大开发的目标是提升西部地区整体经济实力。从人的发展角度讲，西部开发目标是提高每个人的生活质量和生活水平，使西部人民共享发展成果。自 2000 年中央将实施西部大开发正式纳入社会主义现代化建设战略部署以来，国务院先后批复实施了 3 个西部大开发五年规划，随着西部地区经济的崛起，我国西部大开发战略将进入深化阶段。2016 年 12 月，国务院审议通过《西部大开发"十三五"规划》，对进一步推动西部大开发工作作出重大部署。该规划指出，"十三五"时期是深化改革开放创新、全面建成小康社会的攻坚时期，是西部地区发展爬坡过坎、转型升级的关键阶段，必须深刻认识并准确把握国内外形势新变化新特点，紧紧抓住和用好重要战略机遇期，推动西部大开发再上一个新台阶[①]。

战略支点是对国家重大战略目标的实现具有关键意义的地区（省或者城市）。战略支点一般有两个特征：一是"战略支点"自身的地缘条件或实力对国家实现战略目标有一定支持作用，二是"战略支点"所具有的地区影响力可以对所在地区的周边的城市群体起到示范作用。重庆作为西部地区的区际性中心城市，拥有较多的熟练产业工人群体，劳动力资源丰富，农业基础较好，工业和交通也有了相当基础，在地区性的经济活动中起着重要骨干作用，在带动周围邻近省区的发展方面具有重要意义。

《西部大开发"十三五"规划》要求构建以陆桥通道西段、京藏通道西段、长江—川藏通道西段、沪昆通道西段、珠江—西江通道西段为五条轴，以包昆通道、呼（呼和浩特）南（南宁）通道为两条纵轴，以沿边重点地区为一环的"五横两纵一环"西部开发总体空间格局。在此格局中，重庆定位为"五横"中的长江—川藏通道西段和"两纵"中呼南通道的节点城市。《西部大

---

① 国家发改委：《西部大开发十三五规划》，http://www.ndrc.gov.cn/zcfb/zcfbtz/201701/t20170123_836067.html。

开发"十三五"规划》明确了重庆立体交通大格局：打造重点铁路工程，将机场第四跑道纳入研究，加快长江上游航运中心建设等。同时规划要求，重庆将重点发展新能源产业、新节能环保产业等 7 个战略性新兴产业。

（二）"一带一路"和长江经济带的联结点

实施"一带一路"倡议和长江经济带战略，是中央统筹对外开放和区域协调发展的重大决策。"丝绸之路经济带"和"21 世纪海上丝绸之路"简称为"一带一路"。"一带一路"是中国提出的重大倡议，其合作和项目建设涉及经济、能源、基础设施建设等众多领域，旨在通过深化拓展与沿线国家的合作与往来，激发区域活力，增进政治互信，形成利益共同体、命运共同体和责任共同体。"一带一路"倡议的意义主要体现在几个方面：一是与沿线国家和地区携手迈向利益共同体、命运共同体、责任共同体和情感共同体。二是通过推进"一带一路"，使沿线国家的发展战略相互衔接和对接，促进经济要素有序自由流动、资源高效配置和市场深度融合。三是可以和沿线国家及地区共同打造开放、包容、均衡、普惠的区域经济合作架构。四是可以共同携手应对、对冲国际政治、经济、军事等风险和非传统安全威胁。五是和沿线国家、地区形成国际国内互动、互通、互补的跨国界大区域和次区域的新布局，合作发展的新格局。

长江经济带包括 11 个省市，其 GDP 和人口均占全国的 40％，面积有 205 万平方千米，占国土面积的 1/5。党的十八届五中全会提出了长江经济带的五大理念：第一是创新发展理念。长江经济带要成为一个创新的高地，要成为国家未来可持续发展与从大国迈向强国最有力的支撑带。重庆的教育资源、人才资源以及开放的政策资源均优于西部大部分地区，是长江经济带创新能力最强的城市之一，是中西部地区创新的高地。第二是协调发展理念。东中西部地区互动合作协调发展，城乡一体化协调发展，发达地区与欠发达地区协调发展。长江经济带覆盖东中西部地区，重庆的大数据、汽车、电脑等产业发展都非常快，成为西部地区引领协调发展的龙头。第三是开放发展理念。开放发展是长江经济带战略的一个主旨。重庆两江新区是国家最早批准的国家级新区之一，也是中国内陆第一个国家级开发开放新区。第四是绿色发展，要把长江流域建设成生态文明建设示范带，修复、保护、建设长江生态环境，引领全国生态文明建设。第五是共享发展理念。共享沿江综合运输大通道，共享"一带一路"设施联通、贸易畅通、资本融通的巨大机遇，共享长江流域联动发展、互补发展、一体化发展的新空间。长江经济带战略所确定的以上海为龙头的长江三角洲城市群、长江中游城市群、成渝城市群等三大城市群，重庆是成渝城市群的双核城市之一。

重庆地处在"一带一路"倡议和长江经济带战略"Y"字形大通道的连接点上，具有承东启西、牵引南北、通达江海的独特区位优势和高度发达的综合立体交通枢纽。重庆不仅是中转站和交通枢纽，也是"一带一路"倡议与长江经济带战略的先行者。

二、新时代重庆的战略目标

（一）内陆开放高地

"十二五"时期，重庆抓住经济全球化机遇，大力推进开放大通道、大平台、大通关、大产业和大环境建设，形成水、空、铁三大交通枢纽、三个一类口岸、三个保税区"三个三合一"的内陆开放特征，开放型经济发展取得显著成效。渝新欧国际铁路联运大通道是重庆对外开放最早也最为重要的标志，其双向运行常态化对于完善重庆开放大通道起到了至关重要的作用，目前已成为中欧陆上贸易主通道。未来五年，中新（重庆）战略性互联互通示范项目将进一步凸显重庆开放的区位优势，提升其中心枢纽和集聚辐射功能，助推重庆建成内陆开放高地建设。中国（重庆）自由贸易试验区的设立有利于重庆从制度上接轨国际投资贸易新规则，扩大开放领域，提升开放能级，推动区域互动合作和产业集聚发展。贸易多元化试点、跨境电子商务综合试验区、加工贸易承接转移示范地、两江新区服务贸易创新发展试点等各类开放创新试点将为重庆增添开放新动力。随着开放工作机制的进一步优化，国际国内两种资源有效综合利用，国际国内两个市场不断拓展，新时代重庆要建成陆海双向开放中具有先发优势的内陆开放战略高地。

（二）山清水秀美丽之地

党的十九大将"坚持人与自然和谐共生"纳入新时代坚持和发展中国特色社会主义的十四条基本方略，强调我们要建设的现代化是人与自然和谐共生的现代化，既要创造更多物质财富和精神财富以满足人民日益增长的美好生活需要，也要提供更多优质生态产品以满足人民日益增长的优美生态环境需要[①]。

重庆江河众多，山地面积较大，山水资源丰富，地处长江上游，紧邻三峡，是长江上游重要的生态安全屏障，对长江中下游地区尤其是三峡地区的生态安全发挥着不可替代的作用，维系着整个长江流域的生态安全。新时代重庆发展要贯彻落实创新、协调、绿色、开放、共享的发展理念，努力建成生态文明城市：以保护三峡库区、修复长江生态环境为第一要务，严格管控区域生态空间，加强生态保护与修复；节约集约利用资源能源，推进绿色循环低碳发展；以提高环境质量为核心，加强污染治理和风险防范；深化生态文明体制改革，推进治理体系和能力现代化；培育生态文化，倡导绿色生活方式和消费模式。

立足"两点"建设"两地"，既是新时代重庆的机遇，也是

---

① 习近平：《十九大报告辅导读本》，人民出版社，2017年，第1~8页。

新时代重庆的历史使命。

三、新时代重庆工业遗产保护与利用的作用

（一）重庆工业遗产保护与利用有助于坚定重庆文化自信

党的十九大报告中指出："文化是一个国家、一个民族的灵魂。文化兴国运兴，文化强民族强。没有高度的文化自信，没有文化的繁荣兴盛，就没有中华民族伟大复兴。"重庆文化资源丰富，尤其是以开埠历史、抗战文化为特色的重庆近代文化资源不仅是其他地区难以企及的历史文化遗产，更是一种让"一带一路"上众多国家感到亲近的文化生态。重庆近代工业萌芽于重庆开埠，抗战时期是近代工业发展的第一个高峰，工业遗产记载的工业文明的文化基因，深植在重庆人的血脉之中，是重庆城市宝贵的文化财富，保护和利用重庆工业遗产有助于坚定重庆文化自信。

（二）重庆工业遗产保护与利用有助于传承重庆城市文脉

工业遗产往往是伴随城市发展而诞生的产物，它见证了城市的发展和社会的变迁，具有时间和空间上的连续性，是城市文脉的重要构成部分。粗暴简单地拆除工业遗产，忽视其保护再利用价值，不仅将造成生产资源的浪费，更是对城市文明的割裂，会对城市文脉造成不可逆转的破坏。系统梳理重庆工业文化脉络，精准提炼工业文化元素，凝聚工业文化核心价值，设计工业遗产精品，有助于构筑新时代重庆工业文化价值体系和传承体系。利用工业遗产打造城市文化新地标，建设一批标志性重大工业遗产设施，有效整合和连接各类文化空间，有助于传承重庆城市文脉。

（三）重庆工业遗产保护与利用有助于重塑重庆人文精神

人文精神是一个城市和地区文化的"根"和"魂"，是一个城市和地区文明的核心。重庆人文精神是在重庆这个特定地区的自然环境、社会背景和文化传统影响下形成和发展的一种地域性精神文化。重庆工业遗产是自力更生、艰苦奋斗、无私奉献、爱国敬业的工业精神的物质载体。抗战时期重庆人民在轰炸声中坚持生产、发展经济，民生公司的民生精神成为近代民族企业家留给后世的一笔宝贵精神财富。在现代工业奠基时期，重庆人民以极大的热情投入社会主义工业建设，秉承吃苦耐劳、勤俭建国、顽强拼搏、负重发展的精神，为国家工业做出了巨大贡献，涌现出了以全国劳动模范黄荣昌为代表的大批具有高度主人翁责任感和富于创新精神的劳动者。三线建设留给重庆的不仅是物质形态的工业遗产，还包括丰富的精神遗产，如服从大局勇于牺牲的奉献精神、自强不息艰苦创业的开拓精神、顽强负重迎难而上的拼搏精神都是留给当代重庆人的宝贵精神财富。从百年辉煌的工业历史和现代工业进程中，发掘重庆工业文化，让自力更生、艰苦奋斗、无私奉献、爱国敬业的坚定信念，重新成为新时代重庆建设过程中永不枯竭的动力源泉。

（四）重庆工业遗产保护与利用有助于提升重庆城市品质

新时代工业遗产的保护与利用应当突破单点保护的简单思维，同城市整体发展相融合，从功能、空间、文化、景观、旅游、生态等方面与城市发展过程有机结合起来。统筹考虑工业遗产的再利用与城市整体功能布局、产业结构调整、公共设施建设的关系。工业遗产保护与利用将对完善城市的空间格局、丰富城市空间构成、带动城市旅游产业发展、改善城市生态环境、再造协调城市景观等起关键作用。在工业遗产保护与利用的过程中，与其他城市功能和空间相互渗透、彼此交织及能量交换，实现与城市的有机整合改善，将有助于重庆城市品质的提升。

第二节 重庆工业遗产保护与利用总体思路

一、重庆市工业遗产保护与利用的指导思想

重庆市工业遗产保护与利用必须坚持以习近平新时代中国特色社会主义思想为指导，立足重庆"两点"定位，紧扣"两地"目标，大力做好工业遗产的保护和利用工作，为我国西部工业重镇留下历史的记忆，为重庆历史文化名城的保护和发展、为重庆建设文化强市贡献力量。

一是以习近平新时代中国特色社会主义思想为指导。习近平在党的十九大报告中强调："新时代要更好构筑中国精神、中国价值、中国力量，为人民提供精神指引。"[1] 这为重庆工业遗产的保护与利用指明了方向。工业遗产是人类文明的重要组成部分，它既是人类改造自然的重要成果，也是人类文化积淀的产物。在工业遗产中，既有物质文化的因素，也蕴含着丰富的精神文化成分。

二是立足"两点"定位，紧扣"两地"目标。通过发掘重庆工业文化，用自力更生、艰苦奋斗、无私奉献、爱国敬业的坚定信念锻造"内陆开放高地"和"山清水秀美丽之地"建设的精神杠杆，创造重庆新的辉煌。通过工业遗产保护与利用找到生态环境修复与接续产业培育的最佳结合点，为实现"两地"目标提供

---

[1] 习近平：《十九大报告辅导读本》，人民出版社，2017年，第13页。

产业支撑。

三是为我国西部工业重镇留下记忆。城市的个性和特色是城市魅力的源泉，而城市的个性和特色则源自城市历史的逐年积淀。重庆是我国西部近代工业的发源地，自 1891 年开埠以来，就成为我国西部重要的工业重镇。在我国工业发展史上的各个历史时期，特别是抗战时期和三线建设时期，重庆都书写了浓墨重彩的篇章。保护好各个时期有代表性的工业遗产，为重庆这个工业重镇留下记忆，为我国工业史的研究留下"活化石"，也将使城市的个性和特色得到延续，使市的独有文化魅力得到彰显。

四是为重庆历史文化名城的保护和发展贡献力量。重庆之所以成为历史文化名城，主要得益于它有三千多年的历史文化积淀，有丰富的抗战文化遗存，同时也与重庆在西部开埠最早、有"老工业城市"的地位和众多的工业文化遗存有关。加强对工业遗产的保护与利用，把工业文化遗存与其他历史文化遗存统一起来，一并加以保护和利用，以进一步丰富"重庆历史文化名城"的内涵，为重庆历史文化名城的保护和发展贡献力量。

五是为建设文化强市贡献力量。加强工业遗产保护与利用，强化城市特色文化符号，把文化创意产业、文化消费等内容融入工业遗产保护再利用中，通过深入挖掘工业文化底蕴、复兴工业遗产地段传统风貌、提升老工业区生态环境等举措，促进工业遗产的活化利用和可持续发展。开展与工业遗产保护相适应的文化创意、休闲旅游、文化体验等各种特色产业活动，为推动文化强市建设做贡献。

二、工业遗产保护与利用的原则

（一）统筹规划

工业遗产的保护与利用，除涉及工业有关部门外，还涉及文物、规划、国土、房管、旅游等部门，为了有效地对工业遗产进行保护与利用，应该由市规划部门牵头，对全市的工业遗产保护与利用进行统一规划。

（二）分类管理

工业遗产种类繁多，有文物与非文物类遗产，有物质形态遗产与非物质形态遗产，物质遗产中有建筑物、构筑物、机械设备等其他物质遗产，非物质遗产中有历史档案及其他非物质遗产等。为了对工业遗产进行有效的保护和利用，必须进行分类管理。属于文物的，按照"保护为主，抢救第一，合理利用，加强管理"的文物工作方针，将其纳入文物保护。

（三）有效保护

对工业遗产的保护应该是切实有效的，为确保有效保护必须做到以下四点：一是科学认证。进行工业遗产普查，全面了解全市工业遗产的现状，对需要保护和能够保护的工业遗产做出科学认证。二是规划落实。要制定具有权威的工业遗产保护与利用规划，并作为经济、社会发展规划的重要组成部分，切实加以落实。三是资金到位。工业遗产保护在很大程度上属于公益性事业，需要有专门的资金支持。各级政府要把工业遗产保护的专项资金列入财政预算，并及时足额拨付，以保障这项工作的有效进行。四是措施有效。保护工业遗产的措施不是权宜之计，而是切实有效的。采取这些措施，可以对工业遗产提供长期的、安全的、有效的保护。

（四）合理利用

保护工业遗产是为了造福人类。工业遗产不是城市发展的历史包袱，而是宝贵财富。只有把它当作文化资源，人们才能珍惜它、善待它。更重要的是通过持续性和适应性的合理利用来证明它的价值，进而使人们自觉地投入保护行列，并引导社会力量、社会资金进入工业遗产保护领域。因此，要把保护与利用结合起来，对工业遗产合理利用。所谓"合理利用"，就是在利用工业遗产时，必须保留其历史风貌，不改变建筑物（构筑物）体量和空间格局，不造成对该遗产的破坏。特别是对具有文物价值的工业遗产，在利用的时候更应慎之又慎，切忌造成对遗产本身的破坏。即使是不具有文物价值的遗产，在制定保护性再利用方案时，也要对其进行仔细甄别和评估，并在考虑它与整个遗址联系的基础上，确定其最恰当的用途。

（五）利用服从保护

由于工业遗产中凝结着人类文化，有的本身就是文物，因此，保护和利用工业遗产，首先要注重社会效益。要正确处理"保护"与"利用"的关系：一方面，工业遗产保护只有融入经济社会发展之中，融入城市建设之中，才能焕发生机和活力，才能在新的历史条件下，拓宽工业遗产保护的路子，继续发挥其积极作用并得到有效保护；另一方面，对工业遗产的"利用"一定是"保护性的再利用"。对于具有文物价值的工业遗产，要坚持保护为主、抢救第一的方针；即使是未列入文物保护单位的一般性工业遗产，也要在严格保护好外观及主要特征的前提下，审慎、适度地对其用途进行适当的改变。这种改变，其根本目的也是更有效的保护。因此，在工业遗产的利用中，一定要坚持社会效益与经济效益相统一，把社会效益放在首位的原则，坚决反对以破坏工业遗产为代价去谋取经济效益的行为。

三、工业遗产保护与利用总体思路

重庆工业遗产保护与利用，可按照"五个一批"的思路进行：文物保护一批、保护性利用一批、改造性利用一批、博物馆收藏保护一批、立碑标识公示一批。

（一）文物保护一批

目前抗战兵器工业遗址群、816地下核工程遗址、重庆自来水公司（即打枪坝水厂）纪念塔等已被列为国家级或者市级文物保护单位；重庆火柴原料厂旧址、重庆望江工业有限公司中码头厂房、天府发电厂维修车间、重庆特殊钢厂旧址、长安精密仪器厂汽车零部件库房、国营红山铸造厂、国营晋林机械厂旧址建筑群、慈云寺重庆茶厂建筑群、中央电影制片厂旧址、木洞粮仓、重庆发电厂厂门旧址等工业遗产入选重庆第一批历史优秀建筑。对于这类已成功申报为文物的遗产，对文物保护单位的建筑原状、结构、式样进行整体保留，应在合理保护的条件下进行修缮。同时，文物保护单位的保护应符合《中华人民共和国文物保护法》的要求，以《文物保护法》《城乡规划法》等法律法规的规定对其实施管理，从法律、政策、资金等方面提供保障。对尚未核定为文物保护单位的不可移动文物（文物点）、历史建筑的修缮必须符合相应的法律法规、相关规划的要求，主要保护建筑外观、结构、景观特征，对功能可做适应性改变，对遗产的利用必须与原有场所精神兼容。对于价值较高的文物类工业遗产应尽快升级为文物保护单位或历史文化地段，具有重要价值的设备类的遗产应申报为各级文物，并移送博物馆保存。

（二）保护性利用一批

重庆工业遗产中有一部分外观保持较好，在保持其原有建筑结构、风格、体量的基础上，对内部进行必要的修缮和空间改造后可以直接利用，在最大限度体现工业遗产基础价值的同时，最大限度发挥其社会价值和经济价值。比如已投入使用的 501 仓库、坦克库就采用的这种思路。合川晒网沱盐仓仓库建筑群、民生机器厂厂长公馆、重庆罐头厂苏联专家招待所等，在维持其原风貌的情况下，经过修缮和改造后，置换成适合其空间特征和文化价值的新用途。同时也可通过与公共服务功能综合考虑实现工业遗产的保护利用，可采用博物馆、陈列馆、美术馆、音乐馆等方式加以保护性利用，对有条件的工业遗产还可以改造为居住用途。

（三）改造性利用一批

改造性利用工业遗产也是世界各国最普遍的利用方式，适用于区位较好、交通便利的工业遗产。采用活化地段方式，结合工业遗产所处地段的城市功能，进行必要的空间、结构、形式改造，在保存其基础价值的同时，注重其与城市的协调和功能置换。比如重庆钢铁公司型钢厂片区、重庆特殊钢厂片区、国营望江机器制造总厂片区、国营江陵机器厂片区等，可以采用特色社区、景观公园、工业旅游、都市休闲等模式加以改造利用。

（四）博物馆收藏保护一批

一些在重庆市工业发展史上有价值的老设备、老产品等，可以由中国重庆三峡博物馆或重庆工业博物馆收藏保护。例如，重庆钢铁（集团）有限责任公司 1905 年 8000HP 双缸卧式蒸汽机，西南铝加工厂 20 世纪 30 年代的水轮机等。文件、图纸、档案可以由博物馆或者档案馆收藏。对于非物质形态的工业遗产，将具有划时代意义的工业技术、工业流程等在博物馆进行展示，作为重要科普材料向公众开放。

（五）立碑标识公示一批

一些在重庆市工业发展史上有一定地位的老工业企业，因搬迁、停产或改建等原因，老建筑荡然无存，只有遗址而无遗物的，应在遗址适当位置立碑，以便后人知晓。对于已被其他建筑物等占据了的工业遗址所在地，可立碑挂牌安装在建筑物上，让历史永远留下印迹，比如重庆钢铁公司第三钢铁厂、重庆第三棉纺织厂遗址、重庆桐君阁药厂遗址等。

第三节　重庆工业遗产保护与利用实现路径

一、构建科学性完整性合理性兼具的工业遗产的保护与利用体系

构建科学性、完整性、合理性兼具的工业遗产保护与利用体系，从认定保护对象，到确立各级保护名录，再到多层级的保护和利用，将最大限度提高工业遗产的保护与利用成效。

（一）全面的保护与利用对象

2003 年国际工业遗产保护协会颁布了《下塔吉尔宪章》，这是工业遗产保护领域的国际纲领性文件。该宪章对工业遗产的定义是工业遗产由工业文化遗存构成，这些遗存包括建筑群和机器、车间、工场及工厂，矿山及加工与提炼遗址，货仓与仓库，能源生产、输送及使用的遗址，交通运输及其所有基础设施，此外还包括与工业社会活动相关（诸如居所、宗教信仰或教育）的遗址[①]。

该宪章同时还提到了非物质工业遗存的保护意义以及生产流程、文档资料、工业记录等几类保护内容，但是宪章的侧重点在

---

① The Nizhny Tagil Charter For Industrial Heritage/July, 2003. http://www.ticcih. org.

于物质形态工业遗产。2006年我国颁布的《无锡建议——注重经济高速发展时期的工业遗产保护》指出对工艺流程、数据记录、企业档案等非物质文化遗存一并予以保护。

以中国为代表的非西方国家，古代工业生产体系门类较为齐全，形成了矿冶业、纺织业、制瓷业、制糖业、酿酒业、印刷业、造纸业、井盐业等门类较为齐全的古代工业生产体系。重庆的造纸、纺织、井盐等门类颇具行业特色和地方特色，代表了当时先进的工艺发展水平。根据联合国教科文组织（UNESCO）2003年对工业遗产的界定和2006年《无锡建议——注重经济高速发展时期的工业遗产保护》对工业遗产的界定，重庆工业遗产保护与利用体系应当包括物质形态工业遗产和非物质形态工业遗产两大子体系（见图8-1、图8-2）。

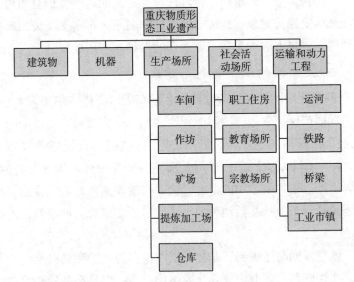

图8-1　重庆物质形态工业遗产体系

资料来源：作者自制

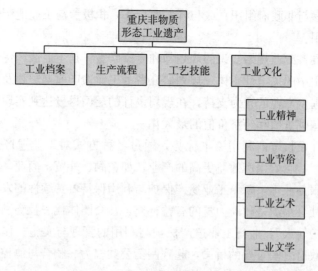

图 8-2　重庆非物质形态工业遗产

资料来源：作者自制

（二）多元的保护与利用主体

重庆工业遗产保护与利用的主体是指负有保护责任、从事工业遗产保护工作的各级政府相关机构、规划研究者、企业和社会组织及个人。在工业遗产抢救与保护工作中，各级政府相关机构是最重要的主体，对工业遗产保护与利用起主导作用。市级区级政府组织有关部门对本行政区域内的工业遗产进行普查、确认、登记，对工业遗产进行真实、系统和全面的记录；对列入文物保护单位的工业遗产做出标志说明和建立专门档案，并按照文物法律保护体系予以保护；对于非文物保护单位的工业遗产提供政策支持和资金扶持，使其得到充分合理的保护与利用。

工业遗产企业是工业遗产保护与利用中不可或缺的责任主体，通过有效途径获得政府的认可和补贴，代替政府具体实施工业遗产的保护职能；或者与相关部门合作共同研究发展策略，组建或参与非政府组织；或与开发商合作，积极参与工业遗产保护与利用。

具备专业规划知识的规划师和专家学者，是工业遗产保护与再利用中的关键性主体。规划研究者为工业遗产前期规划及后期实施提供专业的智力支持，在规划设计的层面尽量达到实现工业遗产基础价值和经济价值的最大化。

开发投资商利用资本优势，通过各种方式对工业遗产进行"盘活"，引入生产效益更高的产业，如金融、外贸、商业、信息业和服务业等，赋予工业遗产保护与利用保持可持续性的发展。

社会组织是政府力量的有益补充，社会团体代表社会利益作为"护航人"，监督工业遗产保护与利用的管理与实施；作为个人与政府之间重要的桥梁，起到制衡公共权力、整合与调控多元利益，促进政府职能转变等作用。

（三）健全的登录制度

大量重庆工业遗产见证并记录了重庆乃至西南地区工业化的发展历程，谱写了"城市记忆"的历史篇章，是重庆历史文化名城诸多文化符号的重要组成部分。从世界各国和我国以及重庆工业遗产的保护利用实践来看，仅依靠指定制度的历史保护制度已经不能适应时代的发展和工业遗产保护的现实需要，应借鉴发达国家普遍采用的"指定制度＋登录制度"双重并存的保护体系，引进登录制度，建立重庆工业遗产登录的领导机构、质询机构和审批机构；根据原真性、代表性和濒危性原则，制定重庆工业遗产目录登录标准。

在制定和执行重庆市登录标准时，可采取分步走的步骤实施：第一步可建立较为宏观性的标准；第二步可实行Ⅰ、Ⅱ、Ⅲ级的分类管理；第三步在实行Ⅰ、Ⅱ、Ⅲ类分类管理的基础上，建立不同行业的分级管理。重庆工业遗产登录制度将保护对象从"论资排辈"指定的国宝精品，扩大到大量、多样的工业遗产；

将保护方式从单一、僵硬的文物古迹保存，过渡到全面、灵活的历史环境保护和综合、谨慎的文化资源再利用；将规划管理从静态、消极管制的干预模式转向动态、积极引导的参与模式。

二、构建价值评估、划分等级的评价体系

重庆市工业遗产数量众多，区位分散，与当前城市建设的关系复杂①。工业遗产的价值评估、等级划分是有效保护和利用重庆工业遗产的重要基础性工作。

（一）工业遗产价值评估

目前已有学者围绕重庆工业遗产评价指标体系做出探讨，但是多侧重于物质形态工业遗产，工业遗产价值评价体系中非物质形态工业遗产的缺失将影响评价体系的科学性、准确性和全面性。根据工业遗产的基础价值和功利价值，根据物质形态工业遗产和非物质形态工业遗产的实际情况和不同特征，重庆工业遗产评价体系需要突出三个特点：①代表性。遗产价值在一定的时间、空间、行业范围内能否代表重庆近代工业和城市发展的特性。代表性是评价重庆工业遗产价值高低的重要标准。②稀缺性。工业遗产价值在数量、质量、性质等方面，在重庆或西部地区是否稀有或唯一。稀缺性这一价值评价标准反映的是工业遗产所见证的信息的数量，并且其程度高低与数量成反比。③完整性。遗产价值的载体是否保存完整。一是指工业遗产作为"物"，其本身的完好程度；二是指工业遗产所携带或见证的信息的完全程度。

重庆工业遗产价值应当围绕以下六个方面做出评价：①早期建设的具有开创性的工业景观，标志某工业门类在中国、西南和

---

① 赵万民、李和平、张毅：《重庆市工业遗产的构成与特征》，《建筑学报》，2010年第12期，第7~12页。

重庆市的发端；②与重大历史或政治事件相关联；③规模和技术上在同行业中曾经占据主导地位，代表当时生产力的先进水平；④标志工业生产技术变革或管理形式创新；⑤对促进地区经济增长和城市化产生深远影响；⑥体现某时期工业生产衍生的特定审美取向。

（二）工业遗产等级划分

根据重庆工业遗产的遗产特征和价值评估，对工业遗产进行科学分级，根据不同等级提出对其保护与利用的要求。根据重庆工业遗产现状、特征、类型，在价值评价后，可将工业遗产划分为三个等级。

一级工业遗产的价值最能体现重庆特色，或具有十分重要的纪念和教育意义，主要包括文保单位的工业遗产，以及尚未成为文物保护单位但价值重大的工业遗产。一级工业遗产必须利用多样化的展示方式，包括文字介绍、图像展示、生产设备展示、体验互动参与、人工导览讲解等，促进该工业遗产的价值提升。对于当前仍处于生产状态，经过价值评估后认定为价值重大的工业设施厂房等，可以在维持其生产状态的前提下，进行富有预见性的规划。

二级工业遗产的价值能体现重庆特色，或具有一定的纪念和教育意义，包括被列为其他各级文物保护单位的工业遗产，属于工业遗产的历史建筑、历史街区，也包括尚未成为文物保护单位和历史建筑但具有一定价值的工业遗产。这类工业遗产改造利用的原则是以保护原有风貌为前提，兼顾基础价值和功利基础。

三级工业遗产具有一定的历史、科技、社会艺术价值，在一定程度上能体现重庆特色，包括其他所有未被列入文物保护单位和历史建筑同时不具备较高遗产价值的工业遗产。以"活化"的方式，在改造利用的过程中更多地考量其遗产的经济价值，充分发挥其经济使用价值。

三、采取多样化的保护利用方式

根据重庆工业遗产不同类型、不同特征，可以采用六种保护
与利用模式。

（一）文化展览模式

对于地处文化氛围浓郁、交通可达性高、人口密度较高的区
域的工业遗产，如工业遗产地历史价值较高，建筑本身有适宜的
建筑空间和质量，可改造为美术馆、音乐馆、博物馆、陈列馆等
文化展览设施。

（二）创意园区模式

对于地处交通可达性高、文化多样性高、租金相对低廉的区
域，厂区具有一定规模，建筑内部空间较大且易于分割、改建、
灵活使用，可改造为研发、设计、总部办公、咨询等创意产业建
筑或园区。

（三）都市休闲模式

地处有一定消费能力的地区，或交通可达性高、零售商业集
中或人口密集、流动性高的区域，尺度、体量较为适宜的工业遗
产建筑，可改造为酒店、酒吧、餐厅、咖啡厅、舞厅等商业休闲
设施。

（四）工业旅游模式

对于交通可达性高、周边其他旅游资源丰富或处于旅游线路
节点的区域，如果工业遗产地具有一定规模，历史价值较高，改
造为工业特色旅游区、特殊年代影视基地等工业遗产旅游目
的地。

（五）特色社区开发模式

对于地处城市较为中心区域的工业遗产，如果建筑有适宜的

建筑空间和质量，可结合城市更新完善社区服务功能，改造为居住建筑、社区各种服务设施等。

（六）公共休憩空间模式

对于地处城市各类开敞空间内的工业遗产，如果建构筑物特征突出，厂区拥有较好的绿化景观，生产设备与生产线较为完备，可改造为城市公园、社区公园、郊野公园、纪念广场等开放空间。

四、融入新时代重庆建设大格局

（一）融入历史文化名城保护格局

重庆历史文化街区和传统风貌区主要保留传统巴渝、明清移民、开埠建市、抗战陪都和西南大区的城市文化脉络。开埠建市、抗战陪都、西南大区三个时期也是重庆近现代工业发展的重要时期，工业遗产较为丰富。重庆特殊钢厂、国营嘉陵机器厂等工业遗产保护与利用可以融入磁器口历史文化街区打造，北碚四川仪表四厂等可以融入金刚碑历史文化街区打造，军政部兵工署第十工厂（国营江陵机器厂）、重庆钢铁公司型钢厂按照传统风貌区要求进行保护。这样可使重庆工业遗产保护在城市层面达到传统格局风貌延续与工业格局风貌的异质互补；在街区层面达到历史文化街区与工业历史地段保护的多样共存；在建筑层面达到传统建筑与工业建筑保护的新旧共存，工业遗产保护与利用同历史文化名城保护和谐共生。

（二）融入山清水秀的美丽之地建设格局

重庆工业企业大多为重工业，其排放的有害气体、烟尘、污水、废弃物等极大地影响了场地及周边的生态环境。在重庆建设"山清水秀美丽之地"的过程中，工业遗产地生态改造也是重要的环节之一，应通过对工业废料的处理和工业污染地的处理，以人为介入的方式促进生态恢复的进程。对于需要治理的污染场地，推广德国经验，建立多部门协同机制。从污染场地的危害调查评估结果、土壤修复治理方案的审核到土壤修复治理实施审核等重要的工作节点，各个相关利益单位如企业、环保、规划等部门进行集体会审，最后由监管责任部门下发各个环节的核准通知书。通过去除污染源、隔离封闭、建筑隔离墙、微生物技术等手段对污染工业遗产地进行生态治理和恢复。

（三）融入重庆旅游发展大格局

2018 年 5 月 16 日，重庆市旅游发展大会召开。大会强调全面落实习近平总书记对重庆提出的"两点"定位和"两地""两高"目标要求，全力打造重庆旅游业发展升级版，建设世界知名旅游目的地，把重庆旅游搞得红红火火，唱响"山水之城·美丽之地"，让八方游客在重庆"行千里·致广大"，真正实现旅游让人民生活更美好的目标；将重庆分散、孤立的工业遗产联结起来，与城市功能、历史文化资源、旅游资源和自然资源相联系，构成新的文化旅游线路和新型产业带；以文化线路为主题，由过去单个工业遗产向群体遗产方向发展，线路强调对重庆工业文化的整体把握，强调物质要素（包含线路本身、与其功能相关的文化物质要素以及沿线富有特征的自然要素）和非物质要素（反映沿线文化传播手工艺、民俗等内容）并重；围绕重庆主城九区呈现"两江、四片、多点"的工业遗产格局，结合"两江、四岸"沿线的历史街区与自然景区进行串联，并结合城区各组团的需求，打造一条综合的遗产旅游线路。

第四节　重庆工业遗产保护与利用保障措施

一、建立工业遗产管理体制

目前重庆涉及工业遗产的管理职能部门主要包括文物部门、房屋行政管理部门和规划部门。文物部门负责管理价值重要的工业遗产的保护和合理利用，房屋行政管理部门负责管理比较重要的工业遗产的日常保养维护，规划部门负责工业遗产的规划管理控制。此外，在工业遗产再利用过程中，发展文化产业或文化事业涉及文化委，发展工业旅游项目涉及旅游发展委员会，治理工业地污染涉及环保局等。虽然看似各有分工，但在实际工作中往往出现因各部门之间管理不协调、职能交叉重叠、交叉领域管控不利而出现管理"真空"。建立工业遗产相对独立的管理体制，成立针对工业遗产保护和再利用的专门管理部门，形成专业化部门引领、其他部门配合的运作机制，有利于整体有效推进全市工业遗产保护与利用。为此必须建立以下两个机构：一是建立重庆市工业遗产保护利用领导小组。建立由分管副市长任组长，规划、工业、文物、国土、房管、文物等部门有关领导为成员的"重庆市工业遗产保护利用领导小组"，专司对重庆工业遗产保护与利用工作的领导职能。二是建立重庆市工业遗产保护利用专家委员会。为了确保工业遗产认定的权威性和保护措施的科学性，必须建立由规划、房屋、建筑、考古、文物、历史、文化、社会、经济等方面的专家组成的"重庆市工业遗产保护与利用专家委员会"，负责工业遗产的认定、等级、调整、撤销等有关事项的评审，为市政府作出相关决策提供咨询意见。

二、提高全社会对工业遗产保护与利用的意识

（一）提高政府机构决策意识

政府是城市运营的决策者。在工业遗产保护与利用的认识问题上，市级区级政府部门要提高对工业遗产的认识水平，改进观念，要认识到工业遗产保护性改造再利用的历史文化意义、生态环境意义以及资源经济优势；同时还应当认识到对工业遗产的保护再利用，必须建立在对其历史背景、时代背景、内在属性的正确认识基础上；要从城市的社会、经济、文化、城市规划、文物保护、建筑设计等多方面统筹考虑，把工业遗产保护再利用与城市建设协调起来。

（二）提高公众的参与意识

一些国家和地区的成功经验表明，公众的关注和兴趣是做好工业遗产保护工作的前提和最可靠的保证，因此，宣传和教育非常必要。政府要大力宣传《中华人民共和国文物保护法》《国务院关于加强文化遗产保护的通知》《国家文物局关于加强工业遗产保护的通知》《重庆历史文化名城保护规划》及国际工业遗产保护组织所制定的《下塔吉尔宪章》等重要文献，同时将所有业经认定的工业遗产名录及时向社会公布。文化遗产保护机构要经常举办论坛、讲座等学术活动，积极地介绍工业遗产的意义和价值，使公众更多地了解工业遗产的丰富内涵。要充分发挥工业企业的在职或离退人员在工业遗产的认定和保护中的作用，依靠他们现身说法来号召更多的人参与工业遗产的保护行动，使全社会对于工业遗产保护的重要意义取得广泛共识，形成保护工业遗产的良好社会氛围。

三、建立社会监督机制

在再开发过程中要从使用者切身利益出发，建立广泛的公众

参与体系与有效的社会公众监督机制，维护城市发展的个性化、合理性和有效性。在工业遗产地的更新过程中，公众的参与可以通过多种形式实现，如各相关机构召开各类会议，通过媒体等及时进行项目公示，举行由市民、专家、管理人员共同参加的评审会等，积极引导社会提出建设性意见。多种形式的公众参与不仅可以提高社会整体的积极性，而且也是从另一种价值取向建立社会公众监督体系。

四、出台地方法规，提供制度保障

政府应制定《重庆市工业遗产保护条例》《重庆市工业建筑适应性再利用指导意见》等有针对性的法规。保护条例要紧密结合重庆实际，明确工业遗产的概念和范围、认定的标准与原则、保护与利用的策略与方法，对违反法律行为的责任认定与处罚措施等也做出明确规定。

五、提供资金保障

鉴于工业遗产保护具有一定的公益事业性质，保护目标往往需要通过资金援助和税收激励来实现。要将工业遗产保护纳入各级政府的财政预算，确保基本保护资金的落实。除国家拨款支持外，还可以通过相关政策和奖励等手段对保护措施予以鼓励，同时出台有利于社会捐赠和赞助的政策措施，通过各种渠道筹集资金，促进工业遗产保护事业的发展。还应出台税收、财政、土地使用等鼓励社会力量参与工业遗产保护的经济文化政策。比如在税收上予以支持：遗产改造投资免税政策，对工业遗产进行保护性改造，其改造投资免税；遗产利用收益免税政策，对工业遗产进行保护性再利用，其收益免征三年营业税；将遗产利用作为公益事业，免征营业税；工业遗产作为文化产业发展，享受文化产业相关优惠政策。再如在土地使用上予以支持：当搬迁企业将厂区土地整体转让给开发企业时，要将应保护的遗产（建筑物等）占用的土地单独丈量，遗产所占用的土地，减半收取土地使用税（费）；用于公益事业的，免收土地使用税（费）。开发企业已全额向业主企业缴纳土地出让费的，须保护的遗产所占土地按实际面积由国家给以补偿。通过一系列政策引导社会团体、企业和个人参与工业遗产的保护与合理利用。

参考文献

一、图书

[1] 常青. 建筑遗产的生存策略——保护与利用设计试验 [M]. 上海：同济大学出版社，2003.

[2] 程雨辰. 抗战时期重庆的科学技术 [M]. 重庆：重庆出版社，1995.

[3] 方大浩. 长江上游经济中心：重庆 [M]. 北京：当代中国出版社，1994.

[4] 方可. 当代北京旧城更新调研研究探索 [M]. 北京：中国建筑工业出版社，2003.

[5] 冯平. 评价论 [M]. 北京：东方出版社，1995.

[6] 顾江. 文化遗产经济学 [M]. 南京：南京大学出版社，2009.

[7] 国家文物局. 国际文化遗产保护文件选编：关于工业遗产的下塔吉尔宪章 [M]. 北京：文物出版社，2007.

[8] 何一民. 抗战时期西南大后方城市发展变迁研究 [M]. 重庆：重庆出版社，2015.

[9] 胡波，肖长富，王进. 重庆人文精神研究 [M]. 重庆：西南师范大学出版社，2007.

[10] 李德顺. 哲学概论 [M]. 北京：中国人民大学出版社，2011.

[11] 李建平. 中国抗战遗址调查与保护利用 [M]. 桂林：广西师范大学出版社，2017.

[12] 联合国教科文组织世界遗产中心. 国际文化遗产保护文件选编 [M]. 北京：文物出版社，2007.

[13] 刘伯英，冯忠平. 城市工业用地更新与工业遗产保护 [M]. 北京：中国建筑工业出版社，2009.

[14] 刘会远，李蕾蕾. 德国工业旅游与工业遗产保护 [M]. 北京：商务印书馆，2007.

[15] 陆大钺. 抗战时期重庆的兵器工业 [M]. 重庆：重庆出版社，1993.

[16] 陆地. 建筑的生与死——历史性建筑再利用研究 [M]. 南京：东南大学出版社，2004.

[17] 麦克·哈格. 设计结合自然 [M]. 芮经纬，译. 北京：中国建筑工业出版社，1992.

[18] 邱均平，文庭孝. 评价学理论方法实践 [M]. 北京：科学出版社，2010.

[19] 阮仪三，王景慧，王林. 上海历史文化名城保护规划 [M]. 上海：同济大学出版社，1999.

[20] 宋颖. 上海工业遗产保护与利用再研究 [M]. 上海：复旦大学出版社，2014.

[21] 维特根斯坦. 文化与价值 [M]. 涂纪亮，译. 北京：清华大学出版社，1987.

[22] 隗瀛，周勇. 重庆开埠史 [M]. 重庆：重庆出版社，1983.

[23] 隗瀛涛. 近代长江上游城乡关系研究 [M]. 成都：天地出版社，2003.

[24] 许东风. 重庆工业遗产保利用与城市振兴 [M]. 北京：中国建筑工业出版社，2014.

[25] 晏辉. 现代性语境下的价值与价值论 [M]. 北京：北京师范大学出版社，2009.

[26] 阳建强，吴明伟. 现代城市更新 [M]. 南京：东南大学出

版社，2004.

[27] 俞荣根，张凤琦. 当代重庆简史［M］. 重庆：重庆出版社，2003.

[28] 张京城，刘利永，刘光宇. 工业遗产的保护与利用——"创意经济"时代的视角［M］. 北京：北京大学出版社，2013.

[29] 张守广. 抗战大后方工业研究［M］. 重庆：重庆出版社，2012.

[30] 重庆课题组. 重庆［M］. 北京：当代中国出版社，2008.

[31] 重庆市档案馆，重庆师范大学. 中国战时首都档案文献：战时工业［M］. 重庆：重庆出版社，2014.

[32] 周勇. 重庆：一个内陆城市的崛起［M］. 重庆：重庆出版社，1989.

[33] 周勇. 重庆通史［M］. 重庆：重庆出版社，2002.

[34] 朱晓明. 当代英国建筑遗产保护［M］. 上海：同济大学出版社，2007.

[35] 祝慈寿. 中国现代工业史［M］. 重庆：重庆出版社，1990.

[36] 左琰. 德国柏林工业建筑遗产的保护与再生［M］. 南京：东南大学出版社，2007.

[37] Angus Buchanan R. Industrial Archaeology in Britain［M］. London：Allen Lam，1974.

[38] Hudson K. Industrial Archeology：An Introduction［M］. New York：Humanities Press，1963.

[39] Theodore Anton Sande. Industrial Archeology：A New Look at the American Heritage［M］. New York：S. Greene Press，1978.

二、期刊

[1] 陈畅，陈洪，李司东. 上海工业遗产保护的难点与对策 [J]. 科学发展，2018 (4)：97−107.

[2] 陈帆，王驰. 产业建筑遗存与转型住屋 [J]. 新建筑，2003 (2)：4−6.

[3] 陈淑华. 东北资源型城市工业旅游的发展——从德国鲁尔区视角分析 [J]. 学术交流，2010 (3)：69−72.

[4] 崔卫华，王之禹，徐博. 世界工业遗产的空间分布特征与影响因素 [J]. 经济地理，2017 (6)：198−205.

[5] 单霁翔. 关注新型文化遗产：工业遗产的保护 [J]. 北京规划建设，2007 (2)：11−14.

[6] 丁新军，阙维民，孙怡. 地方性与城市工业遗产适应性再利用研究——以英国曼彻斯特凯瑟菲尔德城市遗产公园为例 [J]. 城市发展研究，2014 (11)：67−72.

[7] 董杰，高海. 中国工业遗产保护及其非物质成分分析 [J]. 内蒙古师范大学学报（自然科学汉文版），2009 (4)：452−456.

[8] 范晓君. 德国工业遗产的形成发展及多层级再利用 [J]. 经济问题探索，2012 (9)：171−176.

[9] 冯立升. 关于工业遗产研究与保护的若干问题 [J]. 哈尔滨工业大学学报（社会科学版），2008 (2)：1−8.

[10] 冯莎莎. 重庆工业遗产保护存在的问题及解决办法 [J]. 剑南文学，2013 (4)：243−244.

[11] 扶小兰. 重庆开埠与城市近代化 [J]. 北京大学学报（社会科学版），2013 (1)：61−66.

[12] 郭剑锋，李和平，张毅. 与城市整体发展相融合的工业遗产保护方法——以重庆市为例 [J]. 新建筑，2016 (3)：19−24.

[13] 郭汝，王远涛. 我国工业遗产保护研究进展及趋势述评 [J]. 开发与研究，2015 (6).

[14] 何军，刘丽华. 工业遗产保护体系构建——从登录我国非物质文化遗产名录的传统工业遗产谈起 [J]. 城市发展研究，2010 (8)：116−122.

[15] 何一民. 政治中心优先发展到经济中心优先发展——农业时代到工业时代中国城市发展动力机制的转变 [J]. 西南民族大学学报（人文社科版），2004 (1)：79−89.

[16] 胡攀，张凤琦. 从国内外文化发展指数看中国文化发展指数体系的构建 [J]. 中华文化论坛，2014 (7)：5−9.

[17] 胡攀. 重庆城市建设中的历史文化保护研究 [J]. 城市观察，2011 (3)：96−103.

[18] 黄汉民. 长江口岸通商与沿江城市工业的发展 [J]. 近代中国，1999 (1)：233−254.

[19] 黄琪，亢智毅. 工业遗产保护和再利用的策略与实践——英国城市经验对上海的启示 [J]. 新建筑，2014 (2)：78−81.

[20] 康琦，赵鸣. 工业遗产地的景观再生 [J]. 工业建筑，2016 (7)：93−96.

[21] 李爱芳，叶俊丰，孙颖. 国内外工业遗产管理体制的比较研究 [J]. 工业建筑，2011 (41)：25−29.

[22] 李和平，郑圣峰，张毅. 重庆工业遗产的价值评价与保护利用梯度研究 [J]. 建筑学报，2012 (1)：24−29.

[23] 李蕾蕾. 逆工业化与工业遗产旅游开发：德国鲁尔区的实践过程与开发模式 [J]. 世界地理研究，2002 (9)：57−65.

[24] 李论，刘刊. 既有建筑再生中的策略与技术——以德国工业建筑遗产为例 [J]. 城市建筑，2016 (11)：29−31.

[25] 李欣，胡莲，王琳，徐苏斌. 工业遗产改造更新的影响因素分析——以北京、天津、上海、苏州纺织厂为例 [J].

建筑与文化，2015（6）：96-100.

[26] 梁雪春，达庆利，朱光亚. 我国城乡历史地段综合价值的模糊综合评判 [J]. 东南大学学报（哲学社会科学版），2002（2）：44-46.

[27] 刘伯英，李匡. 北京工业建筑遗产现状与特点研究 [J]. 北京规划建设，2011 年（1）：18-25.

[28] 刘伯英. 中国工业建筑遗产研究综述 [J]. 新建筑，2012（2）：4-9.

[29] 刘抚英，赵双，崔力. 基于工业遗产保护与再利用的上海创意产业园调查研究 [J]. 中国园林，2016（8）：93-98.

[30] 刘晖，刘华东. 广州工业遗产的价值认定与保护制度 [J]. 城市建筑，2015（4）：32-35.

[31] 刘嘉娜. 提高工业遗产改造项目的公众参与性——德国鲁尔区的实践经验 [J]. 环渤海经济瞭望，2017（12）：34-35.

[32] 刘洁，戴秋思，张兴国. 城市工业遗产保护策略研究——以英国谢菲尔德市城市文化复兴计划为例 [J]. 新建筑，2014（1）：82-85.

[33] 刘丽华. 非物质工业遗产保护体系构建 [J]. 沈阳师范大学学报（社会科学版），2010（5）：27-32.

[34] 刘容. 场所精神：中国城市工业遗产保护的核心价值选 [J]. 东南文化，2013（1）：17-22.

[35] 刘巍. 工业遗产保护与城市更新的关系初探——以北京焦化厂、首钢工业区、石家庄东北工业区为例 [J]. 城市发展研究，2014（增刊）：1-8.

[36] 卢佳. 休闲综合体视角下无锡工业遗产保护性再利用研究 [J]. 经济研究导刊，2015（25）：57-59.

[37] 陆邵明. 关于城市工业遗产的保护与利用 [J]. 规划师，2006（10）：13-15.

[38] 鹿磊. 中国非物质工业遗产保护性旅游开发 [J]. 特区经济, 2011 (11): 166−168

[39] 吕建昌. 近现代工业遗产博物馆的特点与内涵 [J]. 东南文化, 2012 (1): 111−115.

[40] 罗东明. 国防科技工业非物质文化遗产的传承与利用初探 [J]. 国防科技工业, 2016 (6): 60−61.

[41] 马航, 苏妮娅. 德国工业遗产保护和开发再利用的政策和策略分析 [J]. 城市规划与设计, 2012 (1): 28−32.

[42] 欧阳桦. 山地风貌与建筑形态——重庆近代建筑特色 [J]. 四川建筑, 2003 (4): 1−5.

[43] 曲凌雁. 更新、再生与复兴——英国 20 世纪 60 年代以来的城市政策方向变迁 [J]. 国际城市规划, 2011 (1): 59−65.

[44] 阙维民. 国际工业遗产的保护与管理 [J]. 北京大学学报 (自然科学版), 2007 (7): 523−534.

[45] 阙维民. 世界遗产视野中的中国传统工业遗产 [J]. 经济地理, 2008 (6): 1040−1044.

[46] 饶小军, 陈华伟, 李鞠. 追溯消逝的工业遗构: 探寻三线的工业建筑 [J]. 世界建筑导报, 2008 (10): 4−9.

[47] 阮仪三. 产业遗产保护推动都市文化产业发展——上海文化产业区面临的困境与机遇 [J]. 城市规划汇刊, 2004 (4): 53−57.

[48] 孙俊桥, 孙超. 工业建筑遗产保护与城市文脉传承 [J]. 重庆大学学报 (社会科学版), 2013 (19): 160−164.

[49] 王建国. 后工业时代中国产业类历史建筑遗产保护性再利用 [J]. 建筑学报, 2010 (2): 8−11.

[50] 王清. 二十世纪德国对技术与工业遗产的保护及其在博物馆化进程中的意义 [J]. 科学文化评论, 2005 (6): 117−124.

[51] 王毅. 三线建设中的重庆军工企业发展与布局 [J]. 军事

历史研究，2012（4）：36－42.

[52] 温丹丹，解洲胜，鹿腾. 国外工业污染场地土壤修复治理与再利用——以德国鲁尔区为例［J］. 中国国土资源经济，2018（2）：1－10.

[53] 温泉，董莉莉. 文化线路视角下的重庆工业遗产保护与利用［J］. 工业建筑，2017（增）：49－52.

[54] 文小琴. 维持与发展城市传统风貌——谈重庆作为历史文化名城的保护［J］. 规划设计，2002（3）：25－28.

[55] 谢璇. 抗战时期重庆近郊分散式工业区的布局特点及保护思路［J］. 四川建筑科学研究，2012（8）：268－271.

[56] 邢怀滨，冉鸿燕，张德军. 工业遗产的价值与保护初探［J］. 东北大学学报（社会科学版），2007（1）：16－19.

[57] 许海军，何真玲. 产业驱动下的工业回忆——对重庆市工业遗产利用与发展的思考［J］. 重庆建筑，2014（11）：8－11.

[58] 严钧，申玲，李志军. 工业建筑遗产保护的英国经验——以利物浦阿尔伯特船坞为例［J］. 世界建筑，2008（2）：116－119.

[59] 于磊，青木信夫，徐苏斌. 工业遗产价值评价方法研究［J］. 中国文化遗产，2017（1）：59－64.

[60] 于立，张康生. 以文化为导向的英国城市复兴策略［J］. 国外城市规划，2007（4）：17－20.

[61] 于雪梅. 在传统与时尚的交融中打造文化创意园区——以前民主德国援华项目北京798厂为例［J］. 德国研究，2006（1）：56－59.

[62] 俞孔坚，方琬丽. 中国工业遗产初探［J］. 城市规划汇刊，2006（8）：12－15.

[63] 俞孔坚. 关于防止新农村建设可能带来的破坏、乡土文化景观保护和工业遗产保护的三个建议［J］. 中国园林，

2006 (8)：8—12.

[64] 曾锐，李早，于立. 以实践为导向的国外工业遗产保护研究综述 [J]. 工业建筑，2015 (8)：7—14.

[65] 张朝枝，郑艳芬. 文化遗产保护与利用关系的国际规则演变 [J]. 旅游学刊，2011 (1)：81—88.

[66] 张芳. 基于城市文脉的城市工业废弃地重构城市景观的策略 [J]. 建筑与文化，2016 (1)：157—159.

[67] 张凤琦. 论三线建设与重庆城市现代化 [J]. 重庆社会科学，2007 (8)：79—83.

[68] 张健，隋倩婧，吕元. 工业遗产价值标准及适宜性再利用模式初探 [J]. 建筑学报，2011 (1)：88—92.

[69] 张金月. 文化创意产业发展对经济贡献的实证研究——基于北京和上海的比较 [J]. 科技和产业，2017 (9)：43—47.

[70] 张松. 上海黄浦江两岸再开发地区的工业遗产保护与再生 [J]. 城市规划刊，2015 (2)：102—109.

[71] 张振华，王建军，孙永生，廖新龙. 济南中心城工业遗产保护体系研究 [J]. 遗产与保护研究，2018 (3)：55—60.

[72] 赵万民，李和平，张毅：重庆市工业遗产的构成与特征 [J]. 建筑学报，2010 (8)：7—12.

[73] 郑有贵，陈东林，段娟. 历史与现实结合视角的三线建设评价——基于四川、重庆三线建设的调研 [J]. 中国经济史研究，2012 (3)：120—127.

[74] 周翔. 重庆历史文化名城保护规划编制研究 [J]. 重庆建筑，2015 (7)：5—8.

[75] 朱光亚，方道，雷晓鸿. 建筑遗产评估的一次探索 [J]. 新建筑，1998 (2)：22—24.

[76] 朱晓明，吴杨杰，刘洪. 156 项目中苏联建筑规范与技术转移研究——铜川王石凹煤矿 [J]. 建筑学报，2016 (7)：

87—92.

[77] 祝庆俊，王樱默. 城市工业遗产地景观更新研究 [J]. 美与时代（城市版），2017（1）：35—36.

三、学位论文

[1] 黄颖哲. 德国工业建筑遗产保护与更新研究 [D]. 长沙：长沙理工大学，2008.

[2] 寇怀云. 工业遗产技术价值保护研究 [D]. 上海：复旦大学，2007.

[3] 李东芝. 近代重庆城市经济近代化研究（1876—1949）[D]. 重庆：西南大学，2007.

[4] 李沁. 英国城市文化复兴实例研究——以谢菲尔德为例 [D]. 上海：同济大学，2008.

[5] 刘凤凌. 三线建设时期工业遗产廊道的价值评估研究——以长江沿岸重庆段船舶工业为例 [D]. 重庆：重庆大学，2012.

[6] 刘伟庆. 工业遗产更新改造介入设计策略研究 [D]. 广州：华南理工大学，2013.

[7] 彭飞. 我国工业遗产再利用现状及发展研究 [D]. 天津：天津大学，2015.

[8] 王雪. 城市工业遗产研究 [D]. 沈阳：辽宁师范大学，2009.

[9] 谢璇. 1937—1949 年重庆城市建设与规划研究 [D]. 广州：华南理工大学，2011.

[10] 杨东煜. 近代长江三峡地区工矿业发展分布研究 [D]. 重庆：西南大学，2012.

[11] 俞剑光. 文化创意产业区与城市空间互动发展研究 [D]. 天津：天津大学，2013.

[12] 张彩莲. 中国近代工业遗产旅游发展路径研究——以黄埔江工业遗产带为例 [D]. 上海：复旦大学，2012.

[13] 张凡. 城市发展中的历史文化保护对策研究 [D]. 上海：同济大学，2003.

[14] 张雨奇. 工业遗产保护性再利用的价值重现方式初探 [D]. 天津：天津大学，2015.

[15] 周恬恬. 非物质文化遗产价值评估理论与方法初探 [D]. 杭州：浙江大学，2016.